張金泉注譯

新譯尉繚子

三民書局印行

國立中央圖書館出版品預行編目資料

新譯尉繚子／張金泉注譯. --初版. --
臺北市：三民，民85
面；　　公分. --（古籍今注新譯叢書）
ISBN 957-14-2308-4（精裝）
ISBN 957-14-2314-9（平裝）

1.尉繚子-註釋

592.0946　　85001064

© 新譯尉繚子

注譯者　張金泉
發行人　劉振强
著作財產權人　三民書局股份有限公司
臺北市復興北路三八六號
發行所　三民書局股份有限公司
地址／臺北市復興北路三八六號
郵撥／〇〇〇九九九八－五號
印刷所　三民書局股份有限公司
門市部　復北店／臺北市復興北路三八六號
重南店／臺北市重慶南路一段六十一號
初　版　中華民國八十五年二月
編　號　S 03111①
基本定價　肆　元
行政院新聞局登記證局版臺業字第〇二〇〇號

ISBN 957-14-2308-4（精裝）

刊印古籍今注新譯叢書緣起

劉振強

人類歷史發展，每至偏執一端，往而不返的關頭，總有一股新興的反本運動繼起，要求回顧過往的源頭，從中汲取新生的創造力量。孔子所謂的述而不作，溫故知新，以及西方文藝復興所強調的再生精神，都體現了創造源頭這股日新不竭的力量。古典之所以重要，古籍之所以不可不讀，正在這層尋本與啟示的意義上。處於現代世界而倡言讀古書，並不是迷信傳統，更不是故步自封；而是當我們愈懂得聆聽來自根源的聲音，我們就愈懂得如何向歷史追問，也就愈能夠清醒正對當世的苦厄。要擴大心量，冥契古今心靈，會通宇宙精神，不能不由學會讀古書這一層根本的工夫做起。

基於這樣的想法，本局自草創以來，即懷著注譯傳統重要典籍的理想，由第一部的四書做起，希望藉由文字障礙的掃除，幫助有心的讀者，打開禁錮於古老話語中的豐沛寶藏。我們工作的原則是「兼取諸家，直注明解」。一方面熔鑄眾說，擇善而從；

一方面也力求明白可喻，達到學術普及化的要求。叢書自陸續出刊以來，頗受各界的喜愛，使我們得到很大的鼓勵，也有信心繼續推廣這項工作。隨著海峽兩岸的交流，我們注譯的成員，也由臺灣各大學的教授，擴及大陸各有專長的學者。陣容的充實，使我們有更多的資源，整理更多樣化的古籍。兼採經、史、子、集四部的要典，重拾對通才器識的重視，將是我們進一步工作的目標。

古籍的注譯，固然是一件繁難的工作，但其實也只是整個工作的開端而已，最後的完成與意義的賦予，全賴讀者的閱讀與自得自證。我們期望這項工作能有助於為世界文化的未來匯流，注入一股源頭活水；也希望各界博雅君子不吝指正，讓我們的步伐能夠更堅穩地走下去。

新譯尉繚子 目次

卷三

卷四

卷五

附錄

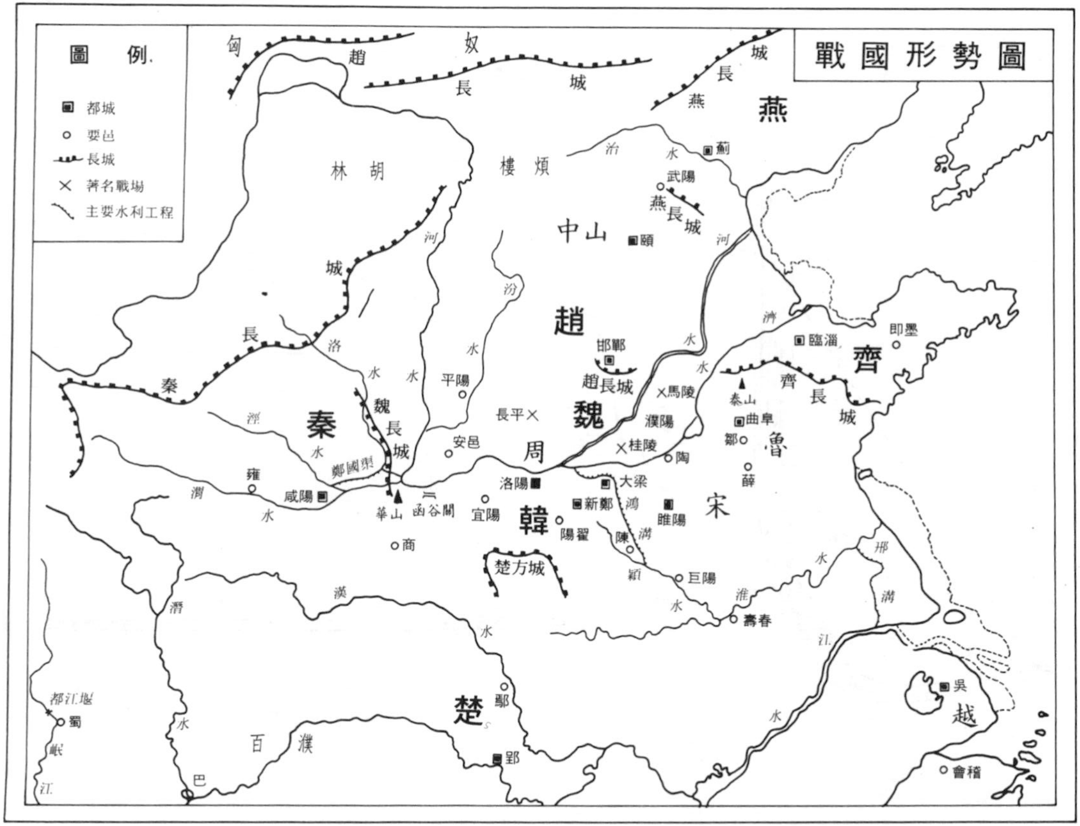

戰國形勢圖
圖例
都城
要邑
長城
著名戰場
主要水利工程
匈奴
趙長城
燕長城
燕
薊
林胡
樓煩
武陽
燕長城
中山
顧
秦長城
河
汾水
趙
邯鄲
趙長城
洛水
平陽
長平
魏
魏長城
秦
涇水
鄭國渠
雍
咸陽
渭水
華山
函谷關
安邑
周
洛陽
宜陽
商
韓
陽翟
新鄭
大梁
鴻溝
陳
潁水
楚方城
馬陵
濮陽
桂陵
陶
睢陽
宋
巨陽
壽春
淮水
濟
臨淄
即墨
齊
齊長城
泰山
曲阜
鄒
魯
薛
邗溝
江
吳
越
會稽
漢水
潛水
楚
鄢
郢
巴
百濮
都江堰
蜀
岷江

圖一　戰國形勢圖

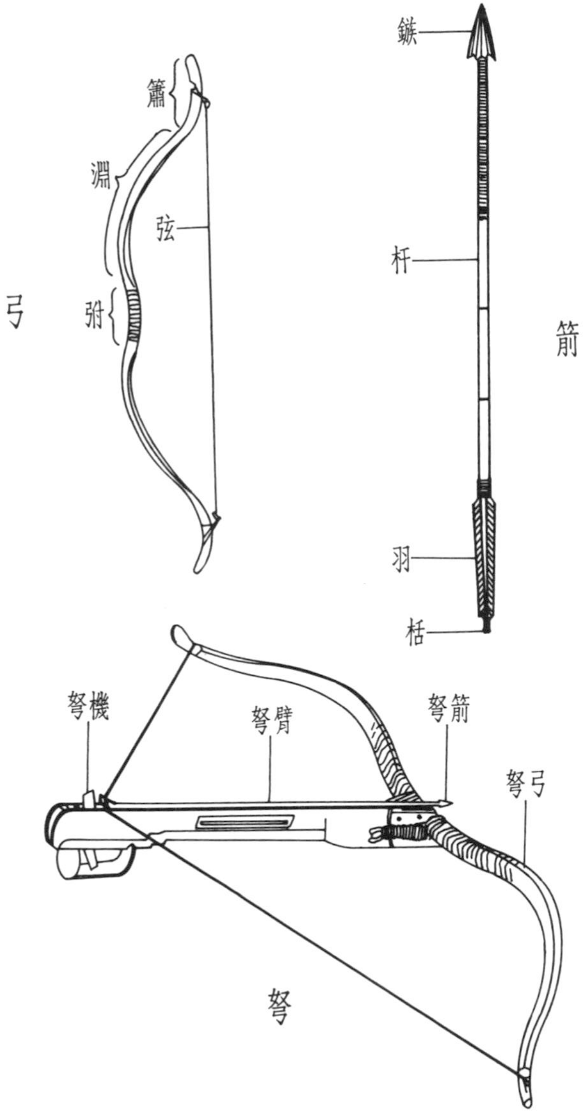

圖二　遠射兵器：弓、弩、箭

弓箭起源很早，原本為狩獵用的生產工具。春秋晚期，隨著步兵的興起，命中率高，射程遠的弩取代弓成為主要的遠射器。

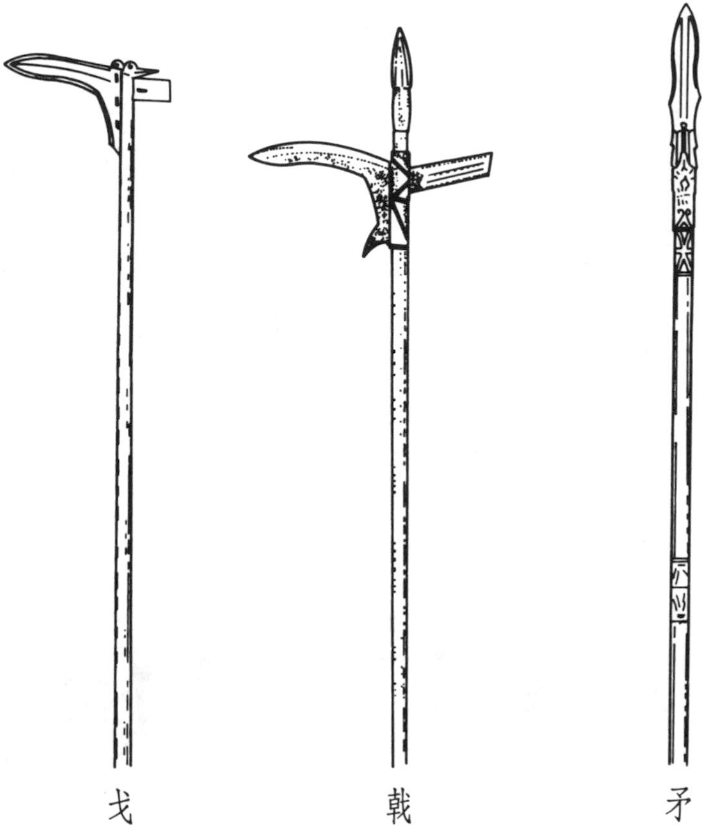

圖三　東周戰士的長兵器：戈、戟、矛

戈原本作啄兵使用，隨著車戰的流行，勾殺的功能特別受重視，所以周代的戈多有弧形的長胡。

戟則是結合戈矛兩種形制的新兵器，也逐漸取代戈在兵器上的重要地位。

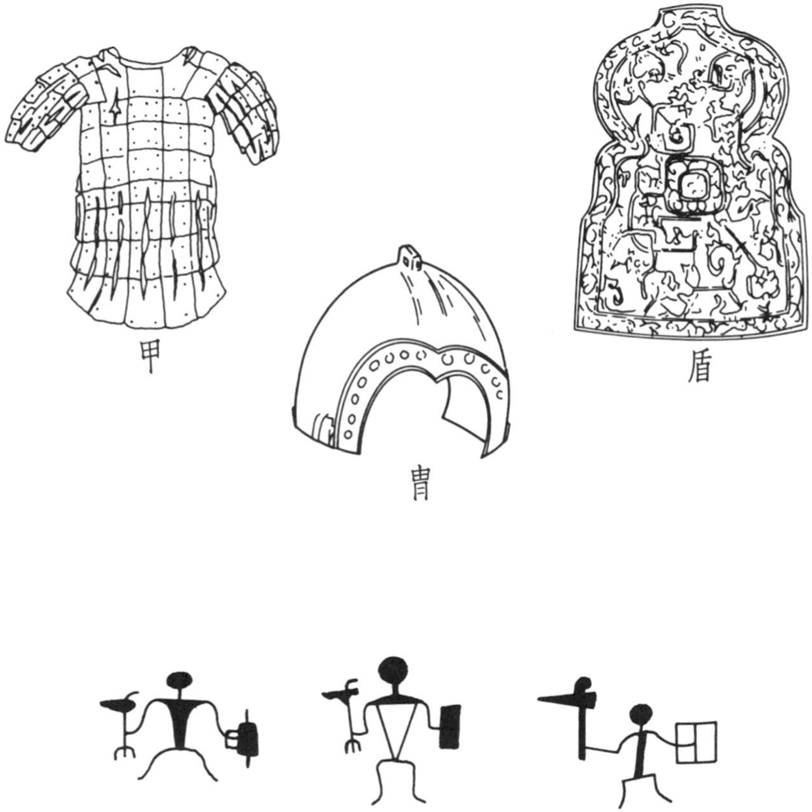

圖四　東周戰士防護具：甲、胄、盾

圖上的盾呈雙弧形，是依人體輪廓而設計。

圖下是金文中左手持盾，右手持戈的圖形。

鉦

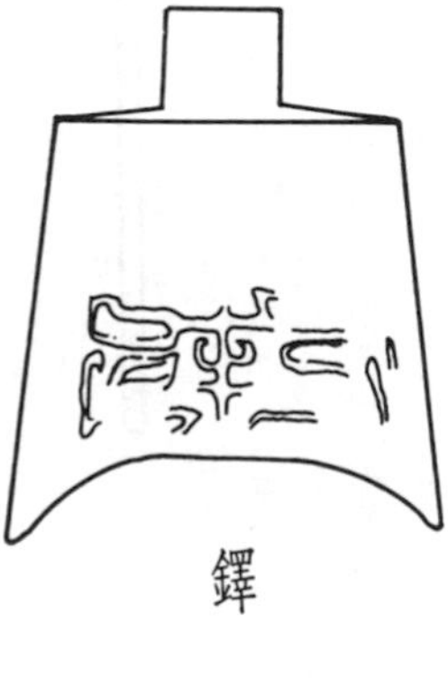

鐸

晉鼓

圖五之一　指揮號令器具：金（鉦、鐸）、鼓（採自《三才圖會》）

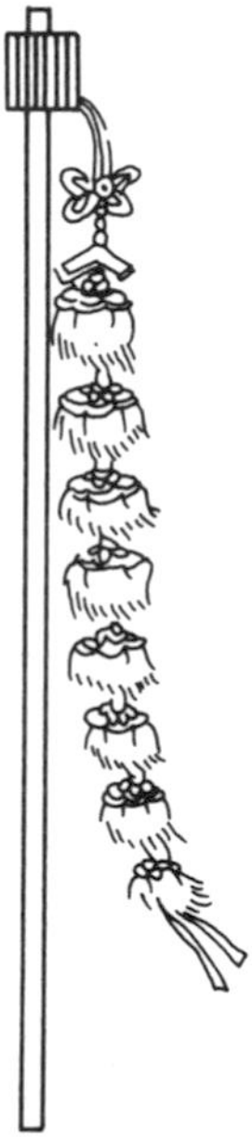

旌

轉光雜色旗

圖五之二　指揮號令器具：旌（採自《三才圖會》）、旗（採自《武經總要》）

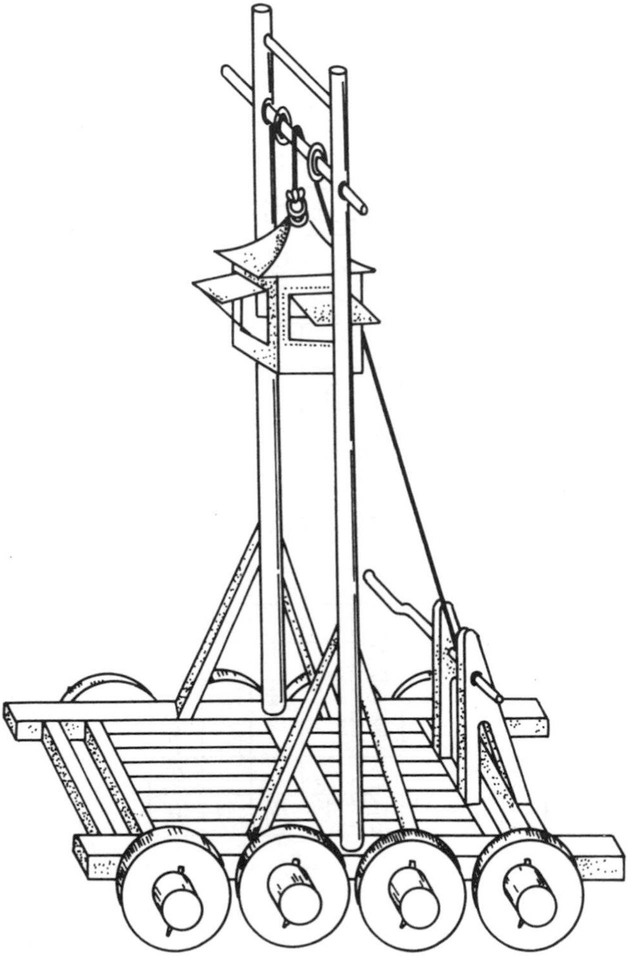

圖六　攻城器械：巢車

車中建高竿，以轆轤將板屋拉上竿首，並用生牛皮包裹以避矢，人藏屋中，以窺敵城。因為遠望如鳥巢，故稱巢車。（採自《武經總要》）

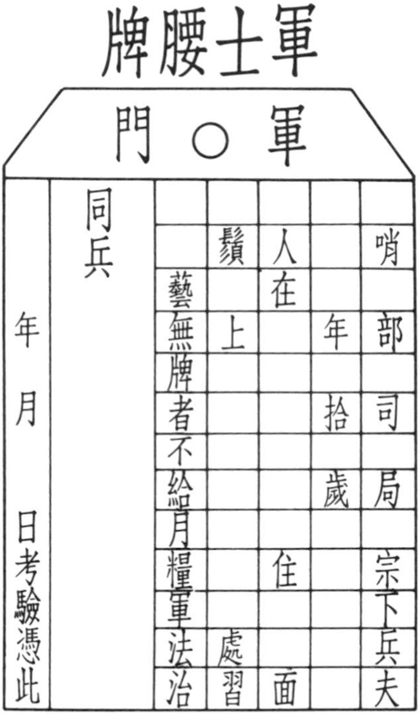

圖七　軍士腰牌圖

明代戚繼光所定的軍士腰牌，與《尉繚子》仍有承襲關係。見〈兵教下〉。
（採自《練兵實紀》）

導讀

一

閱讀《尉繚子》，我以為得注意兩點。第一，由於它是我國春秋戰國時期兵書的總結性論著，既對孫子、吳起所代表的先進軍事思想有所繼承和發展，又批判了當時流行的兵陰陽說，創見很多，非聯繫當時軍事思想的潮流和社會實況，難以準確認識它的真諦。其所論範圍之廣，內容之富，為同期兵書之最。它幾乎涉及從戰爭與政治、經濟關係等戰爭基本理論，到戰略、戰術、軍制以及軍事教練等現代軍事理論科學的各個部門。此外，它關於事在人為的觀點，即「古之聖人，謹人事而已」（〈武議〉）；關於「雜學不為通儒」的觀點（〈治本〉）；關於重今求己的觀點，即「帝王之君，誰為法則？往世不可及，來世不可待，求己者也」（〈治本〉）等等，稱得上生氣勃勃，對今人仍有啟示，其意義不只在軍事工作。第二，毀譽集於一身，書的流傳頗令人感嘆。一方面是譽，不斷受人稱道，為歷代學者所引用，乃至尊它為「即孫（《孫子》）、吳（《吳子》）當不遠過」（明代張一龍《尉繚子兵機小引》）。因此，早在北宋元豐年間，就將它與《孫子》、《吳子》、《司馬法》、《六韜》、《黃石公三略》、《李衛公問對》，合編成《武經七書》，列入古往今來最傑出的兵書之林，《武經七書》成為朝廷頒行的必讀的軍事教科書和武官考試的主要內容。所謂「武臣試《七書》義」（《夢梁錄・卷二》），一部論著能夠贏得這樣的地位，可以說是到達頂巔了。另一方面，毀也毀到極致。自南宋陳振孫《直齋書錄解題》開始疑它是偽書以後，綿綿不斷，到清代而尤盛。如《四庫全書總目提要》、《古今偽書考》等重要著作，都信用偽書說，近代如《偽書通考》、《先秦諸子繫年》依然信而不疑。從而，使它蒙上一層迷霧，形成了整理不夠、研究太少的不正常局面，對我們閱讀，保留了許多困難，不過，也告訴人們：是到了徹底整理、深入研究它的時候了。一九七二年，在山東省臨沂縣銀雀山一號漢墓中，發掘出《尉繚子》竹簡殘卷，考定該墓屬漢武帝初年。也就是說，早在西元前，人們就珍愛《尉繚子》，這樣才能有殉葬事的發生。一九七四年又發現了秦陵兵馬俑軍陣，情形往往與《尉繚子》所述相吻合。從此，偽書說不攻自破，相反，認真研究的形勢正在迅速形成：人們發現，要儘快彌補延誤了的時間。偽書說的主要根據是關於作者，確實，有關作者的史料留存太少。所以，借助對作者的了解來認識書中思想的讀書方法，對閱讀《尉繚子》來說，是難以施行了。倒是要通過對書的掌握，來分析作者其人其事。

綜上所說，《尉繚子》是一部很有價值、很需要深入研究的古代傑出兵書，並且，研究條件也已成熟。

二

書的作者姓尉名繚，書名即是人名，「子」是尊稱。學術界出於對史料的不同理解，對他有著三種不同的意見：即認為尉繚是梁惠王時人，是秦始皇時人，兩個時期都在的人。或者說，梁惠王時有一位尉繚、秦始皇時又有一位尉繚以及這兩個尉繚本是同一個人。議論紛紛，各有是非。

推究關於作者的史料，僅存二則。一則見於《史記・秦始皇本紀》，另一則見於《漢書・藝文志》及顏師古的注。

《史記・秦始皇本紀》說：「十年（西元前二三六年）……大梁人尉繚來，說秦王曰：『以秦之彊，諸侯譬如郡縣之君，臣但恐諸侯合從，翕而不意。此乃智伯、夫差、湣王之所以亡也。願大王毋愛財物，賂其豪臣，以亂其謀，不過亡三十萬金，則諸侯可盡。』秦王從其計，見尉繚亢禮，衣服食飲與繚同。繚曰：『秦王為人，蜂準、長目、鷙鳥膺、豺聲，少恩而虎狼心，居約易出人下，得志亦輕食人。我布衣，然見我常身自下我。誠使秦王得志於天下，天下皆為虜矣。不可與久游。』乃亡去。秦王覺，固止，以為秦國尉，卒用其計策。而李斯用事。」

這則史料提供信息有：一是秦始皇十年有位魏國人名叫尉繚的來秦國遊說秦王。二是尉繚所說係縱橫術，與《尉繚子》內容不同。並且，他深得秦始皇的尊重和聽從，這也是不見於《尉繚子》的。三是尉繚在秦，雖有很高職位，但是，實際上只是謀士而已，既未掌權用事，也不曾率軍作戰。

《漢書・藝文志》是分類編載書目之作。它在雜家類《尉繚》書名之下，注了「六國時」三字。唐代顏師古注《漢書》時又引劉向《別錄》，加注「繚為商君學」五字。商君指商鞅，意思是尉繚奉行商鞅學說。這則史料有助於說明了成書時間和學術思想的源流。

如果從《尉繚子》本身來考證尉繚，再結合上述史料，那麼，眼界就會開闊一些，剖析也能深入一步。

首先，我們注意到全書以「梁惠王問尉繚子」開篇。體式與《孟子》以「孟子見梁惠王。王曰：『叟不遠千里而來，亦將有以利吾國乎？』」開頭的手法相類。梁惠王姓畢名罃，是魏國國君，西元前三六九至前三一九年在位，正處「六國時」。西元前三三九年國勢日蹙，被迫遷都大梁（今河南開封縣），自稱梁王，「惠」是死後的諡號。據《史記・魏世家》記載：「惠王數被於軍旅，卑禮厚幣以招賢者。鄒衍、淳于髡、孟軻皆至梁。」這事發生在惠王三十三年，即西元前三三七年。《孟子・梁惠王上》記載更為詳細。「梁惠王曰：『晉國，天下莫強焉，叟之所知也。及寡人之身，東敗於齊，長子死焉；西喪地於秦七百里；南辱於楚。寡人恥之，願比死者壹洒之，如之何則可？』」推測尉繚見惠王當在這一年間。尉繚身為布衣，能得到君王求教，其人其論在當時必然具有相當的社會聲望。大概是本國人的緣故，沒有寫入「鄒衍、淳于髡、孟軻皆至梁」之列。因而，我們相信尉繚為梁惠王時人的說法，而遊說秦始皇的尉繚約比他晚一百年左右，不可取。

其次，《尉繚子》一書頗多法家觀點，恰與「繚為商君學」吻合。書中引用最多的先賢，是吳起的言行。吳起是一位受學儒家，卻以推行法家政治而政績卓著的政治家和軍事家。尉繚論兵，很強調「制」和「法」，〈制談〉說「凡兵，制必先定」。〈重刑令〉說「故先王明制度於前，重威刑於後」。極力主張令出如山，〈兵教下〉寫道「使人無得私語。諸罰而請不罰者死，諸賞而請不賞者死」。他還主張實行「農戰」（見〈武議〉），要「使天下非農無所得食，非戰無所得爵。使民揚臂爭出農戰，而天下無敵矣」（見〈制談〉）。不僅思想路線，並且連用語都與商鞅如出一轍。當時七國爭雄，強勝劣敗，形勢需要強有力的統治，這也是切合事勢的需要，書中沒有提及商鞅之名，估計與商鞅不受魏國歡迎有關。原來商鞅本是衛國人，先在魏國做事，後來由魏入秦，率軍攻魏，迫使它遷都大梁。在孟子見梁惠王這一年，秦孝公死，商鞅失掉了政治靠山，轉而逃亡魏國，遭到憤怒的拒絕。可以說是魏君眼中的大仇人。尉繚自己受到國君的禮遇，但是，沒有得到重用，史籍也沒有他實行學說業績的記載，都可能與他「為商君學」有關。不過，尉繚並非只採用商君學說，「繚為商君學」可以有兩種涵義：一是專為商君學，一是既為商君學，又為其他學。《尉繚子》書中有不少儒家見解，甚至引用著名儒者孟子的論述，便是一例。應當說，這與其書具有總結性是一致的。如〈戰威〉有「天時不如地利，地利不如人和」的話，早有學者考定它出於《孟子》。又如《孟子・梁惠王下》有一段著名的話，「殘賊之人，謂之一夫，聞誅一夫紂矣，未聞弒君也」。《尉繚子》稱暴君為「一夫」，〈治本〉云：「橫生於一夫，則民私飯有儲食，私用有儲財。民一犯禁而拘以刑治，烏在其為民上也」。然而，儒家學說正如《孟子題辭》所說，在「戰國縱橫，用兵爭強，以相侵奪。當世取士，務先權謀」之世，「時君咸謂之迂闊於事，終莫能聽納其說」。《尉繚子》結合儒、法以切世用，構成了顯著的特色，是很有見地的。他在〈戰威〉中寫道：「古者率民，必先禮信而後爵祿，先廉恥而後刑罰，先親愛而後律其身」。與荀子言論很有相似之處。尉繚又說：「王國富民，霸王富士，僅存之國富大夫，亡國富倉府。所謂上滿下漏，患無所救」（見〈戰威〉）。荀子則說：「故王者富民，霸者富士，僅存之國富大夫，亡國富筐篋府庫，筐篋已富，府庫已實，是之謂上溢而下漏。入不可以守，出不可以戰，則傾覆滅亡，可立而待也」（見《荀子・王制》）。反映了學術思潮的發展趨向，難怪到了漢代一統以後，《尉繚子》立即深受喜愛。

綜上所述，由傳統史料的記載來推測，《尉繚子》應成書於戰國後期，反映當時學術思潮的趨向。作者是魏國人，以議論聞名於世，在政治和軍事上未曾建立功業，所以，史書記載很少。

另外值得注意的是，由於新出資料的發現和研究，對尉繚子的研究可能也啟發了不同角度的看法。宋時的施子美在《武經七書講義》中說尉繚子為齊國人，由於這個說法沒有其他文獻上的根據，出現時代又晚，因此一向不受重視。但是經過對銀雀山出土兵法殘簡〈守法〉、〈守令〉等的整理，發現《尉繚子》的成書，可能與齊國兵學有某種程度的淵源關係，施子美的說法，於是又受到學者的注意。看來尉繚子其人其書的進一步確認，尚有待新出資料的發現，目前仍不易下定論。

三

《尉繚子》論兵，能夠從戰爭性質這一根本點出發，肯定軍事是最急切的基本國策，把它同國家的政治、經濟連為一體，進而論及戰略、戰術以及戰鬥隊形，終於制訂部隊編制、訓練的各項條令，自成系統。下面介紹幾個貫穿全書的主要觀點。

一、關於戰爭是社會現象，反對靠天打仗的觀點。

第一篇是全書的總綱，它以「天官」為題，表示論者對當時盛行靠天取勝的軍事謬論的強烈批判。所謂「天官」，是指「今世將考孤虛，占咸池，合龜兆，視吉凶，觀星辰風雲之變，欲以成勝立功」（見〈武議〉）。「考孤虛、占咸池、合龜兆」等都是古代占卜鬼神的手段。對此，尉繚斷然地說：「臣以為難」（同上）。不是「天管」，而是「人管」，戰爭是社會現象，是人群之間的爭奪。「故曰：舉賢用能，不時日而事利；明法審令，不卜筮而獲吉；貴功養勞，不禱祠而得福。」又曰：天時不如地利，地利不如人和。古之聖人，謹人事而已」（同上）。他列舉著名戰例，證明那些占卜鬼神的做法，其目的仍在於「人事而已」（見〈天官〉）。這就是尉繚考察戰爭的出發點。從這點出發，他主張自身奮鬥，向國君疾呼：不求天，不崇古，而在於自身努力。所謂「蒼蒼者天，莫知其極，帝王之君，誰為法則？往世不可及，來世不可待，求己者也」（見〈治本〉）。他主張戰爭是國君治國最急切的基本任務，所謂「地所以養民也，城所以守地也，戰所以守城也。故務耕者民不飢，務守者地不危，務戰者城不圍。三者，先王之本務也，本務者，兵最急」（見〈戰威〉）。明確提出戰爭是國家政治、經濟的一部分。他主張國君要努力使國家「富治」，所謂「夫土廣而任則國富，民眾而制則國治。富治者，民不發軔，甲不出暴，而威制天下。故曰：兵勝於朝廷」（〈兵談〉）。他還主張戰爭的目的在於「誅暴亂、禁不義」，認為當時頻繁的戰爭都不是義戰，所謂「凡兵不攻無過之城，不殺無罪之人。夫殺人之父兄，利人之財貨，臣妾人之子女，此皆盜也。故兵者，所以誅暴亂、禁不義也」（見〈武議〉），「今戰國相攻，大伐有德」（見〈兵教下〉）；「故王者伐暴亂，本仁義焉。戰國則以立威，抗敵，相圖而不能廢兵也」（見〈兵令上〉）。對於當時戰爭，確是一語中的之論。

此外，還有慎重選將、把士氣看成勝敗的關鍵、料敵制勝講究策略、重視部隊組織和訓練等等，總之，要從各個方面制訂政策發揮人的作為，這就是戰爭的藝術，這就是尉繚子兵法最具威力之處。

二、關於戰爭勝敗關鍵在於士氣的觀點，主張「本戰」。

他在〈戰威〉中提出「夫將之所以戰者，民也；民之所以戰者，氣也。氣實則鬥，氣奪則走」，認為戰爭是敵我雙方士氣的對抗。所謂「鬥則得，服則失」（見〈攻權〉），就是說盡「人事」去鬥就一定勝利，反之，不盡「人事」而服就必然失敗。士氣是「人事」的集中表現。「善用兵者，能奪人而不奪於人」（見〈戰威〉），「凡奪者無氣，恐者不可守，敗者無人，兵無道也。意往而不疑則從之，奪敵而無前則加之，明視而高居則威之，兵道極矣」（見〈戰權〉）。

所以，用兵之道在於養氣，養氣之法在於「本戰」，而本戰在於「勵士」。〈戰威〉有詳細解說，「故戰者，必本乎率身以勵眾士，如心之使四支也。志不勵，則士不死節，士不死節，則眾不戰。勵士之道：民之生不可不厚也；爵列之等、死喪之親、民之所營，不可不顯也。必也，因民所生而制之，因民所榮而顯之，田祿之實、飲食之親、鄉里相勸、死喪相救、兵役相從，此民之所勵也。使什伍如親戚，卒伯（指軍隊中士兵和上級）如朋友，止如堵牆，動如風雨，車不結轍，士不旋踵，此本戰之道也」。在政治上、經濟上創造條件，從個人到全軍乃至全國培育一往無前的鬥志，建設一支「兵有五致：為將忘家、踰垠忘親、指敵忘身、必死則生、急勝為下。百人被刃，陷行亂陣；千人被刃，擒敵殺將；萬人被刃，橫行天下」（見〈兵教下〉）的軍隊。

戰爭取勝要訣是奪敵的士氣。這支軍隊能夠「講武料敵，使敵人之氣失而師敗，雖刑全而不為之用」，以「道」取勝；也能夠「審法制、明賞罰，便器用，使民有必戰之心」，以「威」取勝；還能夠「破軍殺將，乘闉發機，潰眾奪地」，以「力」取勝。尉繚下了結論，「王侯知此，所以三勝者畢矣」（均見〈戰威〉）。

三、關於將帥在戰爭中具有核心地位的觀點，主張選將、重將，反對平庸的「世將」。

尉繚認為將帥是戰爭的實際領導者，他是軍隊的心臟，又是國運興亡的寄託和國君事業的支柱。所以說「將帥者心也，群下者支節也」（見〈攻權〉），「夫將提鼓揮枹，臨難決戰……是興亡安危應在枹端」（見〈武議〉）。一再強調將帥的重要作用，嚴厲批評那些聽命於天的「世將」，說他們是「心狂、耳聾、目盲」的「三悖」之人（見〈兵談〉）。

為此理當慎重選將和敬重將帥，書中專門有〈將令〉一文。它規定「將軍受命，君必先謀於廟，行令於廷，君身以斧鉞授將曰：『左、右、中軍，皆有分職，若踰分而上請者死。軍中無二令，二令者誅，留令者誅，失令者誅。』」給予將帥「上不制於天，下不制於地，中不制於人」（見〈武議〉）的充分信任和自主權力。

〈十二陵〉則全面敘述了入選將帥應有的素質，它全面總結了以往將帥的十二種經驗和十二種教訓，為前人所未有。文章寫道：「威在於不變，惠在於因時，機在於應事，戰在於治氣，攻在於意表，守在於外飾，無過在於度數，無困在於豫備，慎在於畏小，智在於治大，除害在於敢斷，得眾在於下人；悔在於任疑，孽在於屠戮，偏在於多私，不祥在於惡聞己過，不度在於竭民財，不明在於受間，不實在於輕發，固陋在於離賢，禍在於好利，害在於親小人，亡在於無所守，危在於無號令。」從個人品格、用人治軍，一直說到戰略戰術等許多方面。他認為軍事家吳起是將帥典範。〈武議〉就曾三次提到他的事蹟。一是與士卒同甘共苦，「吳起與秦戰，舍不平隴畝，樸樕蓋之，以蔽霜露，如此何也？不自高人故也」，正是「得眾在於下人」的表現。它明確規定將帥職責在於指揮。「吳起臨戰，左右進劍。起曰：『將專主旗鼓耳！臨難決疑，揮兵指刃，此將事也，一劍之任，非將事也。』」三是令出如山，「吳起與秦戰，未合，一夫不勝其勇，前獲雙首而還。吳起立斬之。軍吏諫曰：『此材士也，不可斬。』起曰：『材士則是矣，非吾令也。』斬之。」真正做到了「除害在於敢斷」。

與此相配合，尉繚也主張國君要直接過問戰事，主要是「權敵審將，而後舉兵」（見〈攻權〉），動員全國支持戰爭。

四、關於採用戰略、戰術貴權的觀點。

尉繚論戰，貴在用權。先不提具體論述，僅以篇名而論，二十四篇之中就有三篇以「權」為題，即〈攻權〉、〈守權〉和〈戰權〉。「權」在書中有二層涵義，一為權衡，所謂「權敵審將，而後舉兵」是也；二為權謀，指戰爭謀略而言。〈戰權〉說：戰爭「凡我往則彼來，彼來則我往，相為勝敗，此戰之理然也。夫精誠在乎神明，戰權在乎道之所極。有者無之，無者有之，安所信之？」用權之妙，使敵人不知我方的虛實和出入。

用權先要權衡敵我，所以他主張「凡興師必審內外之權，以計其去。兵有備闕、糧食有餘不足，校所出入之路，然後興師伐亂，必能入之。地大而城小者，必先收其地；城大而地窄者，必先攻其城；地廣而人寡者，則絕其阨；地窄而人眾者，則築大堙以臨之」（見〈兵教下〉）。

用權要正確識別戰爭的性質和類型。他說：「凡挾義而戰者，貴從我起；爭私結怨，應不得已，怨結雖起，待之貴後。故爭必當待之，息必當備之」（見〈攻權〉）。打進攻戰，應當速決。「故凡集兵，千里者旬日，百里者一日，必集敵境。卒聚將至，深入其地，錯絕其道，棲其大城大邑，使之登城逼危。男女數重，各逼地形，而攻要塞。據一城邑，而數道絕，從而攻之，敵將帥不能信，吏卒不能和，刑有所不從者，則我敗之矣。敵救未至，而一城已降」（同上）。對於防禦戰，則要求「千丈之城，則萬人之城也。池深而廣，城堅而厚，士民備，薪食給，弩堅矢強，矛戟稱之。此守法也」（見〈守權〉）。在軍力部署上，「故正兵貴先，奇兵貴後，或先或後，制敵者也」（見〈勒卒令〉）。

用權要善於觀察軍情，尉繚總結了很多寶貴的經驗。如〈兵教下〉指出「凡將輕、壘卑、眾動，可攻也。將重、壘高、眾懼，可圍也」。〈攻權〉指出「分險者無戰心，挑戰者無全氣，鬥戰者無勝兵」。〈兵令上〉指出「矢射未交，長刃未接。前譟者謂之虛，後譟者謂之實，不譟者謂之祕。虛、實、祕者，兵之體也」。

五、關於制訂條令，強化組織和軍訓的觀點，主張以法治軍。

尉繚分析當時民心說：「民非樂死而惡生也」（見〈制談〉），並打了個譬喻，「一賊仗劍擊於市，萬人無不避之者，臣謂非一人之獨勇而萬人皆不肖也。何則？必死與必生固不侔也」（同上）。治軍就要置軍隊於必死之地而使之求其必生。「故先王明制度於前，重威刑於後。刑重則內畏，內畏則外堅矣」（見〈重刑令〉）。主張重刑明賞，「凡誅者，所以明武也。殺一人而三軍震者，殺之；殺一人而萬人喜者，殺之。殺之貴大，賞之貴小。當殺而雖貴重，必殺之，是刑上究也；賞及牛童馬圉者，是賞下流也。夫能刑上究、賞下流，此將之武也」（見〈武議〉）。

為此，他制訂了系統的軍事條令共十二篇，有重刑令、伍制令、分塞令、束伍令、經卒令、勒卒令、將令、踵軍令、兵教等，從編制、編隊、號令、標誌、駐紮、行軍到教育訓練都有明確的規定和嚴明的賞罰。篇幅約占全書二分之一，是我國最早的有系統的軍事條令。他的目標是「出卒陳兵有常令，行伍疏數有常法，先後之次有適宜」（見〈兵令上〉），「凡兵，制必先定。制先定，則士不亂，士不亂，則形乃明。金鼓所指，則百人盡鬥，陷行亂陣；則千人盡鬥，覆軍殺將；則萬人齊刃，天下莫能當其戰矣」（見〈制談〉）。他把重視人的作用的思想體現為具體的軍事條令。

四

《尉繚子》的校勘、整理工作正在深入之中。為便利讀者，據《中國叢書綜錄》載，綜述其版本如下：

《尉繚子》五卷，見《武經七書》、《武學經傳三種》、《四庫全書》、《重刻武經七書》、《續古逸叢書》、《叢書集成初編》等。

《尉繚子》一卷，見清任兆麟選輯《續述記》。

《尉繚子》九卷，見宋施子美《施氏七書講義》。

《尉繚子直解》五卷，見明劉寅《明本武經七書集解》（《宛委別藏》影印）。

《尉繚子》（不分卷），見明歸有光輯評《諸子匯函》。

古本有《群書治要》的選本和發掘於漢墓的竹簡殘卷。與古本比較，可見今本有過刪削。

本書的注譯，以明刊劉寅《尉繚子直解》為底本，間以他本參校，為使讀者閱讀方便，校文不再另加說明。

卷一

天官第一

【題解】本篇論說決定戰爭勝敗的根本因素是人的作為。「天官」代表當時風行的以為憑天文星象能夠預定戰爭勝敗的錯誤理論。作者通過關於黃帝兵書《刑德》的問答和引證戰例，闡明了《刑德》的思想精髓，並且，進一步指出，所謂「天官」，其實也是指人的作為的。這一思想無疑是全書的宗綱，也是《尉繚子》軍事理論中最重要、最有價值的部分。

梁惠王❶問尉繚子曰：「黃帝❷《刑德》❸，可以百勝，有之乎？」

尉繚子對曰：「刑以伐之❹，德以守之，非所謂天官❺、時日❻、陰陽、向背❼也。黃帝者，人事❽而已矣❾！何者❿？今有城，東西攻不能取，南北攻不能取，四方⓫豈無順時⓬乘⓭之者邪？然不能取者，城高池深、兵器備具⓮、財穀多積、豪士一謀⓯者也。若城下⓰、池淺、守弱，則取之矣！由是觀之，天官、時日不若人事也。

【章旨】闡明黃帝兵書《刑德》的主旨在於強調人的作為，並不是憑天文星象就能預定戰爭勝敗的謬說。

【注釋】❶梁惠王　姓畢名瑩，戰國時魏國的國王。西元前三六一年，魏國被迫遷都大梁（今河南省開封縣），因而自稱梁王。惠是他死後的諡號。❷黃帝　姓公孫，號軒轅氏，後又改姓姬，號有熊氏。他是我國遠古時代繼神農氏之後的部落聯盟的領袖。❸刑德　黃帝的兵書。當是一種傳說或後人託名之作。班固《漢書・藝文志》的「兵陰陽家」類的書目中，有「黃帝十六篇」一條。❹刑以伐之　即以刑伐之。下「以德守之」句式相同。❺天官　原意是認為天上星辰如同人世官員那樣各有分職，作為一種軍事理論，即認為天文星象能夠預示戰爭的成敗。❻時日　指根據年月日時可以預知軍事行動的吉凶。❼向背　指依據地形及歲星（木星）位置等的向背預測戰爭的勝敗。❽人事　指人的作為。書中的涵義很廣泛，包括從決定國策，將帥指揮，一直到士兵訓練和作戰，都存在如何發揮人的作為問題。本書〈武議〉有這樣一段話，「故曰：舉賢任能，不時日而事利；明法審令，不卜筮而獲吉；貴功養勞，不禱祠而得福……古之聖人，謹人事而已」。❾而已矣　句末語氣詞。而已，相當「罷了」。矣，相當於「了」，表示完成。二個語氣詞連用，重在後者。❿何者　什麼原因呢。⓫四方　指東南西北四個方向。⓬順時　即順利的時日。⓭乘　指利用。⓮備具　準備齊全。備，指準備。具，指完備。⓯一謀　指協商成一致的謀略。⓰城下　城牆低下。

【語　譯】梁惠王問尉繚子說：「黃帝的兵書《刑德》，據說根據它來用兵就能夠百戰百勝，有這樣的事情嗎？」

尉繚子答道：「刑是用武力征討敵人，德是用仁義來防衛國家，並不是所說的天官、時日、陰陽、向背這套東西。黃帝說的只不過是人的作為罷了！為什麼這樣說呢？譬如現在有一座城市，從東、從西去進攻都不能奪取，從南、從北去進攻也不能奪取，四個方向難道全都沒有順利的時日可以利用的嗎？可是，未能奪取的原因是，城牆高峻、護城河很深、兵器準備很齊全充分、財物和糧食儲存很多、豪傑人士已經協商出一致的守城謀略。假如城牆低矮、護城河淺、防守薄弱的話，那麼，早就奪取了它！由此看來，天官、時日這一套東西，的確比不上人的作為的啊！

「案『天官』曰：『背水陣❶為絕紀❷，向阪陣❸為廢軍❹。』武王伐紂❺，背清水❻，向山阪而陣，以二萬二千五百人，擊紂之億萬❼而滅商，豈紂不得天官之陣哉？楚公子心❽與齊人戰，時❾有彗星❿出，柄在齊。『柄所在勝，不可擊⓫。』公子心曰：『彗星何知？以彗鬥者，固倒⓬而勝焉⓭！』明日與齊戰，大破之。黃帝曰：『先神先鬼，先稽我智⓮。』謂之天官⓯，人事而已！」

【章 旨】舉出「天官」兩個論點，各用戰例加以駁斥，深刻指出就是所謂天官，也不過是人的作為罷了。

【注 釋】❶背水陣 即背靠河流湖泊部署軍隊。❷絕紀 指絕境、死地。❸向阪陣 指面向山坡部署軍隊。阪，即山坡。❹廢軍 即必將潰敗的軍隊。❺武王伐紂 西元前一〇六六年，武王在姜子牙輔佐下，率軍東征，在牧野（今河南省淇縣西南），以少勝多，一舉擊潰紂王大軍，滅亡了商朝。牧野之戰被尉繚子確認為最成功的戰例之一。武王，周王朝的建立者，姓姬名發。紂，殷商王朝的末代君主，又名受。❻清水 發源於今河南省修武縣，流經牧野，注入黃河。❼億萬 形容紂軍龐大之詞。上古以十萬為億。❽楚公子心 楚國公子名字叫心。公子，當時對諸侯子弟的敬稱。❾時 指那時候、當時。❿彗星 俗名掃帚星。彗，本意是掃帚，由於這種星拖著長長的光尾而很像掃帚，所以有這個名稱。⓫柄所在勝不可擊 是「天官」的說法。意為星柄所指的一方，是不能去攻擊的。⓬倒 即倒轉。⓭焉 相當於「之」。⓮先神先鬼先稽我智 這應是《刑德》中的話。鬼，指人死後的精靈，此指祖先的精靈。稽，指考察。⓯謂之天官 叫它做天官。

【語 譯】「按照『天官』的說法，『背靠江河湖泊部署軍力必將陷入絕境，面向山坡部署兵力必將成為潰敗的軍隊。』但是，周武王率軍討伐紂王的時候，就是背靠清水部署兵力的，卻以二萬二千五百人的少數兵力一舉擊潰了紂王的億萬大軍、並消滅了商王朝。難道紂王沒有按照『天官』來部署兵力嗎？又楚國公子心率軍與齊國人打仗，當時天空中忽然出現彗星，星柄恰巧指向齊軍上空。按照『天官』，說是『凡是星柄照耀的地方，是不能去攻擊的。』但是，楚國公子心卻說：『彗星能知道什麼呢？拿起掃把打鬥，當然是倒轉著才能戰勝敵人啊！』第二天與齊軍交戰，果然大敗齊軍。所以，黃帝說，『盡管先向神靈占卜，先向祖先的精靈占卜，但是，仍舊要把開發自己的智能擺到最先的位置。』叫它為天官，仍不外是發揮人的作為罷了！」

兵談第二

【題解】本篇專論軍事建設的要點，主要有：軍事建設的基礎在於治理好國家；不發動沒有勝利把握的戰爭；將帥應當具備的良好素質以及部隊應有的良好素質等四方面。

量土地肥磽❶而立邑❷建城，以城稱❸地，以地稱人，以人稱粟，三相稱，則內可以❹固守，外可以戰勝。戰勝於外，福生於內，勝福相應，猶合符節❺，無異故也！

治兵者❻，若祕於地，若邃❼於天，生於無，故開之，大不窕❽，關之，小不恢❾。明乎禁、舍、開、塞❿，民流者親之，地不任者任⓫之。夫⓬土廣而任，則國富；民眾而制，則國治。富治者，民不發軔⓭，甲不出暴⓮，而威制天下，故曰：兵勝於朝廷⓯。不暴甲而勝，主勝也；陳而勝者⓰，將勝也。

【章　旨】治好國家是軍事建設的基礎，各項政策都必須著眼於充分利用土地和安定民心。應當說，軍事上的勝利，首先在於朝廷的英明決策。

【注　釋】❶肥磽　指土地的肥沃和貧瘠。磽，即多石難以耕種的土地。❷邑　是上古人群聚落的通稱。❸稱　指相適應。❹可以　能夠用來。❺符節　原是官方使用的一種憑證，用竹、木或金屬等材料製成，上有文字，分成兩半。使用時，雙方各持一半，以相合沒有差異為驗。❻者　無實義。表示停頓。❼邃　指幽深。❽宛　空隙。❾恢　廣大。❿禁舍開塞　這是法家習用的御民治術，基本上是一方面嚴禁、一方面利誘，引導人民趨向當政者所安排的政策。商鞅治秦，一方面禁止人民私鬥，一方面鼓勵殺敵獲取軍功；一方面裁抑商人浮民，一方面獎勵生產量高的農民，正是這種剛柔並濟兩面手法的應用。禁，禁止。舍，同「捨」。允許。開，誘導。塞，防堵。⓫任　利用。⓬夫　發語詞。表示另起一層意思。⓭發軔　指撤去軔木。是啟動車輛的意思。軔，剎住車輪的木頭。⓮甲不出暴　衣甲不必取出。甲，士兵穿的衣甲。出暴，指把收藏的衣甲又拿出來使用。暴，暴露。下文〈兵教下〉有「國車不出於閫，組甲不出於櫜，而威服天下矣！」櫜，袋。語意相同。⓯朝廷　帝王接受朝見和處理政務的殿堂。此用來代表朝廷的決策。⓰陳而勝者　經過戰陣而取得的勝利。陳，通「陣」。此用作動詞。

【語　譯】計量土地的肥沃和貧瘠以聚集人群建立城池，城池規模要與土地面積相適應，土地面積要與人口數量相適應，人口數量要與糧食產量相適應，三方面都相適應了，那麼，對內就能夠牢固地防守，對外就能夠戰勝敵人。對外能夠戰勝敵人，國內即有莫大利益，戰勝與國家利益的關係，就如同符節相合那樣，連些微出入也沒有啊！

軍事建設的原則，應當像祕伏於地底，又像潛藏於天上一般，有兵而無形。一旦用時，可以動員極多的軍隊；收兵不用時，又只保留極少的軍隊。當政者知道怎麼恩威並濟，逃亡的民眾就會歸附，沒有開發的土地也會因而充分利用。做到了土地廣大並且得到了充分的利用，那麼，國家必定富裕；人口眾多並且都服從治理，那麼，國家必定治好了。既富裕又治理很好的國家，兵車不必出動，戰甲不必取出，即能夠威嚴地制服天下，所以說：軍事上的勝利取決於朝廷上的決策。不動兵就能取勝，這是君主決策的勝利；經過戰陣打鬥所取得的勝利，這是將帥指揮的勝利。

兵起，非可以忿❶也。見勝則興❷，不見勝則止。患在百里之內，不起一日之師❸；患在千里之內，不起一月之師❹；患在四海之內❺，不起一歲之師。

【章旨】要看見有必勝把握才可以發動戰爭，要有充分準備。

【注釋】❶忿　憤怒；怨恨。❷興　發起。❸一日之師　只做一天準備的軍隊。❹一月之師　只做一月準備的軍隊。下文〈攻權〉有「故凡集兵，千里者旬日，百里者一日，必集敵境。」有人認為「一月」是「一旬」之誤。但是，句中以日、月、歲連用，作「月」也有它的道理，「一月」是概數。❺四海之內　普天下。

【語譯】發起戰爭，決不可以憑一時的惱怒。看見了有勝利的把握就可以發起，沒有勝利的把握則不動。叛亂發生在一百里以內，不能派只做一日準備的部隊；叛亂發生在一千里以內，不能派只做一月準備的部隊；普天下發生叛亂，不能派只做一年準備的部隊。

將者，上不制於天❶，下不制於地，中不制於人❷，寬不可激❸而怒，清不可事以財。夫心狂、耳聾、目盲，以三悖❹率人者，難矣！

【章旨】將帥必須具有不受任何拘束的主動精神和沈靜、廉潔、聖明的良好素質。

【注釋】❶制於天 被天所制約。❷人 當指國君和敵軍。下文〈武議〉有「無天於上，無地於下，無主於後，無敵於前」。❸激 刺激。❹悖 悖時；荒謬。

【語譯】身為將帥，上不接受天時的制約，下不接受地形的制約，中不接受國君和敵人的制約，寬宏大量而不能夠用刺激使他發火，清正廉潔而不能用財物去收買。思想狂亂、耳朵不聽音、眼睛不見物，用這三樣荒謬的行為來率領軍隊，那是太難了！

兵之所及，羊腸❶亦勝，鋸齒❷亦勝，緣山亦勝，入谷亦勝，方❸亦勝，圓❹亦勝。重者❺如山如林、如江如河；輕者❻如炮❼如燔，如垣❽壓之，如雲覆之，令人❾聚不得以❿散，散不得以聚；左⓫不得以右⓬，右⓭不得以左⓮。兵如總木⓯，弩⓰如羊角⓱，人人無不騰陵張膽⓲，絕乎疑慮，堂堂⓳決⓴而去。

【章　旨】描述戰無不勝的軍隊的特色。

【注　釋】❶羊腸　指羊腸小道。❷鋸齒　喻指犬牙交錯的地形。❸方　指方陣。❹圓　指圓陣。❺重者　指部隊持重的時候。❻輕者　指部隊輕裝疾進的時候。❼炮　與下文燔都指燃燒。❽垣　即牆。❾人　指敵人。❿得以　相當於能夠。⓫左　指在左邊的敵軍。⓬右　指轉到右邊去。⓭右　指在右邊的敵軍。⓮左　指轉到左邊去。⓯總木　捆紮成木排的木材。此喻指士兵一排排往前衝鋒。⓰弩　又叫「弩弓」。是裝有發射部件的弓。⓱羊角　指形如羊角的旋風。喻弩箭去勢快速、有力。⓲騰陵張膽　意為氣豪膽壯。騰陵，即超越。張膽，指膽壯。⓳堂堂　指嚴整壯盛的軍容。⓴決　指堅決。

【語　譯】軍隊所到之處，在羊腸小道也能取勝，在犬牙交錯的複雜地形也能取勝，攀登高山也能取勝，進入深谷也能取勝，方陣也能取勝，圓陣也能取勝。行動持重的時候，好像大山，好像森林，好像長江，好像黃河；輕裝疾進的時候，又好像烈火燃燒，如牆垣壓塌，如密雲籠罩，使敵人聚集的部隊不能夠散開，而散開的部隊又不能夠集結；左邊的部隊到不了右邊，而右邊的部隊又到不了左邊。士兵如同捆紮的木排壓了過去，弩箭有如旋風迅疾有力，人人沒有誰不氣豪膽壯、斷絕疑慮、雄壯堅決地向前挺進。

制談第三

【題　解】本篇談如何管理軍隊，才能擁有強大的戰鬥力。其要點有：一、先決條件是建立法制。二、將帥必須嚴格執行法制。三、養成上下一心求勝的高昂士氣。四、不要依賴求助外援。五、實行「非農無所得食，非戰無所得爵」的農戰政策。

凡兵，制❶必先定，制先定，則士不亂，士不亂，則形❷乃明。金鼓❸所指：則百人盡鬥，陷行亂陣；則千人盡鬥，覆軍殺將；則萬人齊刃❹，天下莫能當其戰矣！

【章　旨】管理軍隊首先要建立法制。

【注　釋】❶制　法制。❷形　通「刑」。指賞和罰。❸金鼓　古代軍隊所用指揮工具的總稱。下文〈勒卒令〉有詳細說明，它說：「金、鼓、鈴、旗四者，各有法：鼓之，則進；重鼓，則擊。金之，則止；重金，則退。鈴，傳令也。旗，麾之左，則左；麾之右，則右。」句中金鼓專指鼓。❹則百人盡鬥五句　此下五句，標點有不同看法。今據下文〈兵教下〉中「百人被刃，陷行亂陣；千人被刃，擒敵殺將；萬人被刃，橫行天下」點定。則字連用在於表示並列，此起三則字，都是這類，可以用作標點的依據。齊刃，一齊高舉武器。刃，本指武器銳利處。此用來作兵器總稱，並用作動詞。

【語譯】管理軍隊，法制必定先要建立起來，法制先建立了，那麼，士兵就不會散亂，士兵不散亂，那麼，賞罰才能做到嚴明。擊鼓發令前進，上百士兵去奮身戰鬥，衝破敵軍的隊伍打亂敵軍的部署；上千士兵去奮身戰鬥，消滅敵軍斬殺敵將；上萬士兵一齊高舉武器去奮身戰鬥，於是，天下沒有誰能夠抵擋它的進軍了！

古者士有什伍❶，車有偏列❷。鼓鳴旗麾❸，先登者未嘗❹非多力國士❺也，先死者亦未嘗非多力國士也。損敵一人而損我百人，此資敵❻而損我甚焉，世將❼不能禁；征役分軍❽而逃歸，或臨陣自北❾，則逃傷甚焉，世將不能禁；殺人於百步之外者，弓矢也，殺人於五十步之內者，矛戟❿也，將已鼓⓫，而士卒相囂⓬，拗⓭矢，折矛，抱戟，利後發⓮，戰有此數者，內自敗⓯也，世將不能禁；士失什伍，車失偏列，奇兵⓰捐⓱將而走⓲，大眾⓳亦走，世將不能禁。夫將能禁此四者，則高山陵⓴之，深水絕㉑之，堅陣犯之；不能禁此四者，猶亡㉒舟楫㉓絕江河，不可得也！

【章　旨】法制建立以後，就必須選用能嚴格執行的將帥。

【注　釋】❶什伍　古代軍隊中兩級最基層的編制單位。後文〈伍制令〉中指出：「軍中之制：五人為伍，伍相保也；十人為什，什相保也。」泛指編制。❷偏列　古代戰車的編隊方式。偏，歷來有九乘一編、十五乘一編以及二十五乘一編等各種說法。列，以偏為基礎編為左右兩列。泛指編隊。❸鼓鳴旗麾　指發令攻城。❹未嘗　即未曾。❺國士　指傑出人材。❻資敵　意為助長了敵人的實力。資，指資助。❼世將　世俗的將領。❽征役分軍　徵召去服兵役並且已經分編進部隊。❾北　通「敗」。❿矛戟　兩種古代兵器。矛，裝有長木柄，用來直刺。戟，既能直刺，又可橫擊勾殺。⓫已鼓　已經擊鼓發令前進。⓬相囂　互相吵嚷。⓭拗　用手折斷。⓮利後發　認為在別人的後面衝鋒是有利的。⓯內自敗　從內部自己導致失敗。⓰奇兵　指配合大部隊作戰所派出的擔任特別任務的部隊。古代作戰，兵分奇正。正兵，指大部隊。⓱捐　拋棄。⓲走　逃跑。⓳大眾　指正兵。⓴陵　凌駕；踰越。㉑絕　橫渡。㉒亡　通「無」。㉓楫　指船槳。

【語　譯】古時候的軍隊，士兵有什、伍等一系列建制，戰車也有偏和列的組合。一旦擊鼓揮動令旗指揮攻城，首先登上城牆的沒有不是富有勇力的傑出人材，而首先犧牲的也沒有不是富有勇力的傑出人材啊！損傷一個敵人，但是，我們自己卻損失一百人，這樣做必然助長了敵人的實力而嚴重地損害我們自己啊！然而，平庸將領卻不能夠禁止它。已經徵召來服兵役而且分編進了部隊的兵私自逃回家去，有的則一上戰場就擅自逃跑，從而導致嚴重的逃亡和損失，然而，平庸將領也不能夠禁止它。可以殺傷百步以外敵人的武器，是弓和箭，可以殺傷五十步以內敵人的武器，是矛和戟，將領已經擊鼓下令衝殺了，但是，士兵們互相高聲吵嚷，有的用手拗箭，有的折斷長矛，有的抱戟不動，都認為跟在別人後面出發是有好處的，打仗時如果出現了這幾種現象，那就是從軍隊內部自己崩潰了，然而，平庸將領又不能夠禁止它。戰鬥中，士兵亂了建制，戰車也失去隊列，奇襲部隊背棄將領而潰逃，於是，大部隊也隨著潰逃，平庸將領還是不能夠禁止它。身為將帥要是能夠禁止這四種不良現象，那麼，他所率領的軍隊遇到高山能夠跨越它，碰到大河能夠渡過去，見到堅固的敵陣能夠攻破它；要是不能夠禁止這四種不良現象，那麼，就如同沒有船和船槳卻想橫渡江河，什麼目標也達不到的啊！

民非樂死而惡生也，號令明❶，法制審❷，故能使之前。明賞於前，決罰於後，是以❸發能中利，動則有功。今百人一卒❹，千人一司馬❺，萬人一將，以少誅眾❻，以弱誅強❼。試❽聽❾臣❿言其術，足使三軍⓫之眾，誅一人而無失刑，父不敢舍⓬其子，子不敢舍其父，況國人⓭乎？

【章旨】法制建立了，將帥也能嚴格執行了，接著需要嚴明賞罰。

【注釋】❶明　指嚴明。❷審　指周密。❸是以　即「以是」。因此的意思。❹卒　古代軍隊中，每百人編為一卒，設一名卒長。❺司馬　古代軍官名。❻以少誅眾　以少數軍官管理大多數士兵。誅，督責；管理。❼以弱誅強　以軍官的單弱力量管理士兵的強大力量。❽試　是說話人的謙詞。❾聽　指聽取、採納。❿臣　尉繚對君主的卑稱，不一定做了官。⓫三軍　古時天子六軍、大國三軍、次國二軍，小國一軍。三軍的具體名稱有叫中軍、下軍、上軍的，並以中軍主將為三軍統帥，但是，各國名稱不盡相同。⓬舍　通「捨」。⓭國人　同一個國家的人。表示毫無關連。

【語譯】民眾並不是喜歡送死而討厭活著的啊！只是由於號令嚴明，法制周密，所以，才能夠促使他們奮勇向前。擺在前面有明確的獎賞，等在後面有嚴厲的責罰，因此，軍隊一出發就能夠奪取勝利，一行動就能夠建立功勳。如今只依靠每一百人設一名卒長，每一千人設一名司馬，每一萬人設一名將軍來約束軍隊，任用少數人去管理多數人，依靠單弱的力量去管理強盛的力量。要是能採用我所講的那種管理方法，就能夠保證讓全軍廣大官兵，處理任何一個人，都不會喪失刑法的威嚴，父親不敢庇護自己的兒子，兒子也不敢庇護自己的父親，更何況是同一個國家內彼此毫無瓜葛的人呢？

一賊仗劍擊於市❶，萬人無不避之者，臣謂非一人之獨勇而萬人皆不肖❷也！何則？必死與必生固不侔❸也。聽臣之術，足使三軍之眾為一死賊❹，莫當其前，莫隨其後，而能獨出獨入焉！獨出獨入者，王、霸之兵❺也！

有提❻十萬之眾而天下莫當者，誰？曰：桓公❼也。有提七萬之眾而天下莫當者，誰？曰：吳起❽也。有提三萬之眾而天下莫當者，誰？曰：武子❾也。今天下諸國士❿所率無不及二十萬之眾者，然不能濟功名⓫者，不明乎禁、舍、開、塞也。明其制⓬，一人勝之⓭，則十人亦勝之也；十人勝之，則百、千、萬人亦勝之也。故曰：便⓮吾器用⓯，養吾武勇，發之如鳥擊，如赴千仞之谿⑯。

【章旨】本章中尉繚子繼承孫子「勇怯，勢也」的思想，強調要以禁舍開塞之道，激發軍隊死中求生的勇氣，成為無人敢當的王霸之兵。

【注釋】❶市　市場；市集。❷不肖　不像樣；無用。❸侔　相並列；相對當。❹死賊　死中求生的罪犯。❺王霸之兵　天下無敵的軍隊。王，指統治天下的天子。霸，指率領諸侯遵奉天子的首領。王、霸都有號令天下的威嚴。❻提　率領。❼桓公　即齊桓公。姓姜名小白，是春秋時期齊國國君，由於任用管仲，改革圖治，因此在「尊王攘夷」口號下，戰爭連連獲勝，保護了小國，安定了東周王室，成為春秋時期第一個霸主。❽吳起　戰國初期衛國人。曾任魏國西河郡守，後被迫離魏投楚，任最高長官，主持朝政，功業卓著。西元前三八一年，被楚國貴族殺死。他是我國歷史上傑出的軍事家和政治家，也是本書引證最多的優秀軍事家。❾武子　即孫武，子是尊稱。齊國人，曾在吳國為將，先後率軍打敗楚軍、齊軍和晉國，使吳國成為霸主。也是我國歷史上傑出的軍事家，所著《孫子》，在當今世界享有崇高聲譽，已有多種文字的譯本。❿國士　此指各諸侯國的將帥。⓫濟功名　成就功業和名聲。⓬其制　指禁、舍、開、塞之道。⓭一人勝之　只有一個人也能夠取勝。⓮便　指使……便利。⓯器用　指器械。統稱軍需器材。⓰千仞之谿　仞，是古代長度單位之一。八尺為一仞。千仞，形容很深。谿，即山谷。

【語譯】一個亡命之徒舉劍在鬧市上亂刺亂砍，市上成千上萬的人沒有不趕快避開他的，我認為這並不意味著只有他一個人特別勇猛而成千上萬的人都沒有用啊！為什麼這樣說呢？拼死和求生當然不能相提並論的啊！要是能夠採用我的方法，就能夠保證使全軍廣大官兵凝成像一個亡命之徒，沒有人敢擋在他的前面，也沒有人敢跟在他的後面，從而能夠自如地獨進獨出了！能夠自如地獨進獨出的軍隊，是天子和霸主的軍隊啊！

有過率領十萬大軍而使得天下沒有人敢抵抗的人，是誰呢？回答說：是齊桓公啊！有過率領七萬大軍而使得天下沒有人敢抵抗的人，是誰呢？回答說：是吳起啊！有過率領三萬大軍而使得天下沒有人敢抵抗的人，是誰呢？回答說：是孫武子啊！現在天下各諸侯國的將帥，他們所率領的部隊沒有不到二十萬的，但是，卻不能夠成就一番功業和名聲的原因是，不懂得禁舍開塞這套治術！如果了解這套方法，那麼，只有一個人也能夠取勝，一個人能夠取勝，那麼，有十個人也能夠取勝，十個人能夠取勝，那麼，擁有成百、成千、成萬的人也能夠取勝。所以說：要把武器裝備修繕得很便利，培養我軍的武勇精神，要做到部隊出動就像猛禽從高空下擊，就像瀑布直下萬丈的深谷，勢不可擋。

今國被患❶者，以重幣❷出聘❸，以愛子出質❹，以地界出割，得天下助卒，名為十萬，其實不過數萬爾❺！其兵來者，無不謂其將曰：「無❻為人下先戰！」其實不可得而戰也。

量吾境內之民，無伍❼莫❽能正❾矣！經制❿十萬之眾，而王必能使之衣吾衣、食吾食⓫，戰不勝、守不固者，非吾民之罪，內自致也。天下諸國助我戰，猶良驥⓬騄耳⓭之駛⓮，彼駑馬⓯鬐興⓰角逐⓱，何能紹⓲

吾（ㄨˊ）氣（ㄑㄧˋ）哉（ㄗㄞ）？

【章　旨】立國打仗要依靠自身的實力，把希望寄託在外國援助，必將有名無實。

【注　釋】❶被患　指遭受戰禍。❷重幣　即珍貴禮品。幣，本指財物，此指禮品。❸聘　指古代國與國之間派遣使者訪問。❹出質　出國作為人質。❺爾　語氣詞。相當於「罷了」。❻無　通「毋」。不許。❼伍　是最基層的軍事編制。此指編入軍籍的民眾。❽正　通「征」。徵集。❾莫　相當於「不」。❿經制　管理。⓫衣吾衣食吾食　第一個「衣」和「食」是動詞，第二個「衣」和「食」是名詞。⓬驥　指千里馬。⓭騄耳　是周穆王的著名的「八駿」之一。⓮駛　意同馳。⓯駑馬　指低劣的馬。⓰鬐興　指馬的鬐毛豎起。⓱角逐　即競賽。⓲紹　繼續。句中用作支助的意思。

【語　譯】如今遭受戰禍的國家，派遣專使帶著珍貴的禮品訪問外國求助，讓兒子出國去作人質，把國界提供給外國割讓，從而求得天下各國的援軍。援軍名義有十萬之眾，其實不過只有幾萬罷了！而且當這些援軍出發的時候，沒有一個國家不告誡將領說：「不許做他人的下手而去打頭陣！」所以，實際上是不可能指望他們認真作戰的！

估量我國境內的民眾，應當服役的人民都已列入徵調範圍了！管理十萬大軍，君主必須能夠讓他們穿國家的衣甲，吃國家的糧食。如果作戰不能取勝，防守也不能鞏固的話，那並不是我國民眾的罪過，而是從內部自己造成的。天下各國援助我國打仗，就好像千里名馬在飛奔，那低劣的弱馬居然也豎起鬐毛想來比快，哪能增強我軍的士氣呢？

吾用天下之用為用❶，吾制天下之制為制❷，修吾號令，明吾賞罰，使天下❸非農❹無所❺得食，非戰無所得爵❻，使民揚臂爭出農戰，而天下無敵矣！

故曰：發號出令，信行國內，民言有可以勝敵者，毋許❼其空言❽，必試其能勝也。視人之地而有之，分人之民而畜❾之，必能內❿有其賢者也。不能內有其賢而欲有天下，必覆軍殺將。如此，雖⓫戰勝而國益⓬弱，得地而國益貧，由國中之制弊矣！

【章　旨】重視農業和戰功、任用賢才，就能夠天下無敵，應當把這些作為國家的制度。

【注　釋】❶用天下之用為用　採用天下的器械和用具作為自己的器械和用具。❷制天下之制為制　制訂管理天下的制度作為自己的制度。❸天下　指國內。❹農　指從事農業。❺無所　指除從事農業沒有別的憑藉。❻爵　爵位。句意指積累戰功是得到爵位的唯一途徑。❼許　相信。❽空言　指口頭議論。❾畜　養育。❿內　「納」的古字。招納；收用。⓫雖　即使。⓬益　更加。

【語　譯】我們採用天下使用的器械用具作為自己的器械用具，我們也制定了治理天下的法制作為自己的法制，修正我們的號令，嚴明我們的賞罰，要使所有民眾不從事農業就沒有別的方法可以得到食糧，不參加戰鬥就沒有另外途徑可以得到爵位，能夠做到使民眾揮舞手臂爭著投身農業和戰鬥，從而，就會天下無敵了！

所以說：在全國要做到令出必行，民眾中自稱有可以戰勝敵人方法的，不能輕易地相信他的口頭議論，必定要試一試他是否能夠戰勝。覬覦人家的領土並占有它，瓜分別國的民眾歸我所有，必然是因為能夠收納他們的賢才的啊！如果不能夠收納他們的賢才而想占有天下的話，那麼，必定遭到全軍覆滅和將領被殺的命運。如果像這個樣子，即使暫時戰勝了，可是，國家卻進一步衰弱，暫時奪得了土地，可是，國家卻進一步貧困了，都是由於國家的法制敗壞了！

戰威第四

【題解】本篇論述軍隊的戰鬥力，要點有：一、戰爭是雙方軍隊戰鬥力的比拼。二、軍隊戰鬥力的核心是軍隊的士氣。三、培養士氣的方法有三：一是採用「本戰」，使全國軍民養成團結奮戰的氣氛；二是國君把軍事視為最急切的國策，須掌握五個層面；三是重視人材。

凡兵有以道勝❶，有以威勝❷，有以力勝❸。講武❹料敵，使敵人之氣❺失而師散，雖刑❻全而不為之用，此道勝也。審法制❼，明賞罰，便器用，使民有必戰之心，此威勝也。破軍殺將，乘闉❽發機❾，潰眾❿奪地，成功乃返，此力勝也。王侯知此，所以⓫三勝者畢矣！

【章旨】戰爭取勝的途徑有三條，統帥軍隊的人都應當掌握。

【注釋】❶以道勝　指依靠朝廷中的戰略決策而取得勝利。❷以威勝　指依靠國家所擁有的戰爭實力所形成的威懾力量而取得勝利。❸以力勝　指通過雙方軍隊的實際較量而取得勝利。❹講武　講求軍事，研究軍事。❺氣　指士氣。❻刑　通「形」。陣形。❼審法制　使法制嚴密完備。❽闉　指為攻城臨時堆築的土山。❾機指攻城器械。⑩潰眾　使敵軍潰散。⑪所以　所用來……的東西。

【語　譯】大凡戰爭有依靠朝廷中的戰略決策而取得勝利的，有依靠國家擁有的戰爭實力所形成的威懾力量而取得勝利的，有通過雙方實際戰鬥而取得勝利的。講求軍事部署，準確預測敵情，做到使敵人的士氣喪失從而導致軍心渙散，雖然陣形依舊完整，但是，已經不能為他所用了，這就是依靠朝廷中的戰略決策而取得勝利的。健全法制，嚴明賞罰，完善武器裝備，要讓軍民具有必戰必勝的信念，這就是依靠國家擁有的戰爭實力所形成的威懾力量而取得勝利的。擊破敵軍並且殺死他們的將領，登上堆築的土山，使用攻城器械，迫使敵眾潰逃，從而奪取土地，然後全勝班師，這就是經過雙方軍隊的實際戰鬥而取得勝利的。統帥軍隊懂得了這一切，也就全部掌握了用來取勝的三條途徑了！

夫將之所以戰者，民❶也；民之所以戰者，氣也。氣實❷則鬥，氣奪❸則走。刑❹未加，兵❺未接，而所以奪敵者五：一曰廟勝之論❻，二曰受命❼之論，三曰踰垠之論❽，四曰深溝高壘之論，五曰舉陣加刑之論。此五者，先料敵而後動，是以擊虛奪之也。善用兵者，能奪人而不奪於人❾，奪者❿，心之機⓫也。令者，一⓬眾心也，眾不審⓭，則數變；數變，則令雖出，眾不信矣！故令之之法⓮：小過無更⓯，小疑無申⓰。故上無疑令，則眾不二聽⓱；動無疑事，則眾不二志。未有不信其心⓲而能得其力者也，未有不能得其力而能致其死戰者也。

【章旨】戰爭是雙方軍隊士氣的較量，所以，士氣是軍隊戰鬥力的最根本要素。摧毀敵軍士氣的措施有五個方面，歸結一點，就是要打擊他們的薄弱環節；而培育士氣的措施有兩個方面：即發號施令不能猶豫多變和使廣大官兵對號令深信不疑。

【注釋】❶民　指軍隊。《尉繚子》中「民」、「兵」等詞涵義廣泛，要聯繫文句，方能確定它的具體用義。❷實　充實；充沛。❸氣奪　士氣遭受摧殘。❹刑　通「形」。指陣形。❺兵　指兵刃。❻廟勝之論　廟，指宗廟、國君的祖廟。古代用兵，要在宗廟禱告祖宗的先靈，然後決策。實際上就是上文所說的「以道勝」，即指依靠朝廷中戰略決策取勝。❼受命　選擇並任命將帥。受，通「授」。❽踰垠之論　敢於跨越國界作戰的理論。垠，指邊界。❾奪人而不奪於人　奪人，奪取他人。奪於人，被人奪取。「於」相當於「被」，表示被動。❿奪者　指摧毀對方士氣的事情。⓫機　指機敏。⓬一　指「統一」。使……一致。⓭審　指充分了解。⓮令之之法　第一個「之」是代詞，代表廣大官兵。第二個「之」相當於「的」。⓯更　變更；改正。⓰申　申明；公布。⓱二聽　聽信流言蜚語。⓲不信其心　不能使他們從心底相信。

【語譯】將帥賴以作戰的力量，是士兵，而士兵賴以作戰的，是士氣。士氣充沛就能夠奮勇戰鬥，而士氣被挫傷就釀成潰逃。軍陣還沒有會合，兵刃還沒有接觸，在這個時候，可以用來摧敗敵軍士氣的途徑有五條：一是關於在根本上依靠朝廷戰略決策取勝的理論，二是關於慎重任命將帥的理論，三是關於敢於越過國境作戰的理論，四是關於深挖壕溝、高築壁壘的理論，五是關於部署軍陣消滅敵軍的理論。這五條途徑的要點，是事先充分預測敵情然後採取適合的行動，這就是用攻擊敵人薄弱環節來摧敗敵軍的士氣的啊！善於指揮軍隊的將帥，總能夠摧敗敵人的士氣但是不會被敵人摧敗自己的士氣，摧敗士氣，是心靈機變的表現，發號施令，是為了統一廣大官兵的意志，如果廣大官兵不能透徹領會，那麼，必將導致一再改變號令，而一再改變號令的話，那麼，號令縱然發布了，廣大官兵也不會相信的了！所以，號令軍隊的方法應該做到：發現小過失不必急於更正，發生小疑問也不必公開說明。總之，領導沒有猶豫不決的號令。那麼，廣大官兵就不會聽信流言蜚語，領導沒有猶豫不決的行動，那麼，廣大官兵就不會有不一致的信念。從來不曾有過不能使他們出自內心的信任卻能夠得到他們效力的事情，也從來不曾有過不能夠得到他們效力卻能夠使他們拚死戰鬥的事情。

故國必有禮信、親愛之義❶，則可❷以飢易❸飽，國必有孝慈、廉恥❹之俗，則可以死易生。古者率民，必先禮信而後爵祿❺，先廉恥而後刑罰，先親愛而後律❻其身。

故戰者，必本乎率身以勵❼眾士，如心之使四支❽也。志不勵，則士不死節❾；士不死節，則眾不戰。勵士之道：民之生，不可不厚也；爵列❿之等、死喪之親、民之所營⓫，不可不顯也。必也，因民所生而制之，因民所榮而顯之，田祿⑫之實、飲食之親⑬、鄉里相勸⑭、死喪相救⑮、兵役相從，此民之所勵也。使什伍如親戚，卒伯⑯如朋友，止如堵牆⑰，動如風雨，車不結轍⑱，士不旋踵⑲，此本戰⑳之道也。

地，所以養民也；城，所以守地也；戰，所以守城也。故務耕者，民不飢；務守者，地不危；務戰者，城不圍，三者，先王之本務也。本務者，兵最急，故先王專於兵有五焉：委積㉑不多，則士不行；賞祿不厚，則民不勸；武士不選，則眾不強；器用不備，則力不壯；刑賞不中，則眾不畏。務此五者，靜能守其所固，動能成其所欲。

夫以居㉒攻出㉓，則居欲重、陳㉔欲堅、發欲畢㉕、鬥欲齊。

【章　旨】必須致力於培植士氣。培植士氣的方法是激勵士兵的氣節，這才是從根本上準備戰爭的方法。國君要從五方面制定加強軍事建設的政策，並把軍事建設擺到最急切的位置上來。

【注　釋】❶禮信親愛之義　禮，社會行為規範、法則和儀式的總稱。信，信譽。親愛，相親近相愛護。義，即道義。❷可　指能夠。❸易　即換取。❹孝慈廉恥　孝，指子女對父母、下輩對上輩要孝敬。慈，指父母對子女、上輩對下輩要慈愛。廉，指廉潔。恥，指自我尊重。❺爵祿　爵，指爵位。祿，指俸祿。❻律　衡量；

要求。❼勵　激勵。❽支　通「肢」。❾死節　死於堅持節操。❿爵列　爵位的序列。⓫所營　所營求；所追求。⓬田祿　田地上的出產。⓭飲食之親　歡宴聚會的友好來往。⓮勸　勉勵。⓯救　救助；援救。⓰卒伯　古代軍隊中兩級基層軍官。後文〈兵教上〉有：「伍長教成，合之什長；什長教成，合之卒長；卒長教成，合之伯長；伯長教成，合成兵尉。」因知「卒」是百人之長，「伯」是千人之長。也有說「伯」是百人之長。句中「卒伯」與上句「什伍」，其實都是泛指，不必拘泥。⓱堵牆　即牆壁。常用來形容人眾密集。⓲結轍　表示戰車不停頓。轍，車輪在地上的痕跡。結，結束。⓳旋踵　不轉回腳跟，即不後退。踵，腳跟。⓴本戰　從根本著手準備戰爭。㉑委積　儲備。委，也是積。㉒居　指駐守或防守的軍隊。㉓出　指前來攻擊的軍隊。㉔陳　通「陣」。㉕畢　全部；盡力。

【語　譯】所以，國家必須養成崇禮守信相親相愛的風氣，那麼人民即使飢餓，也能如同溫飽一般忠誠；國家必須養成孝敬慈愛廉潔知恥的習俗，那麼人民即使必死也不願苟活。古時候領導民眾，必定先提倡崇禮守信，然後才賞賜爵位和俸祿，必定先提倡廉潔知恥，然後才施用刑罰，必定先提倡相親相愛，然後才約束他們的言行。

所以，進行戰爭，必定要本著以身作則來激勵廣大官兵，就好像心支配四肢行動那樣啊！如果不能激勵鬥志，那麼，官兵就不會拼死維護自己的節操；如果官兵不會拼死維護自己的節操，那麼，廣大官兵就不能夠奮勇作戰。激勵官兵鬥志的方法：民眾的生計需要，不可以不豐厚，爵位序列的等級、戰死喪葬的撫恤、凡是民眾所想望的，都不可以不擺到尊顯的地位。必須要這樣做啊！順應民眾的生計去管理他們，順應民眾所想望的目標去表彰他們，田地上生產的收穫，歡宴聚會的友好交往、鄉親鄰居間的互相勉勵，死亡喪葬的相互救助、服兵役的相互追隨，這一切就是民眾所以能夠激勵的具體內容。要使什裡、伍裡如同親戚那樣親近，卒長、伯長如同朋友那樣友愛，於是，軍隊靜止的時候像一堵嚴密的人牆屹立不動，行動的時候又像暴風驟雨迅猛異常，戰車不停頓地前進，士兵絕不回身後退，這才是從根本上準備戰爭的方法啊！

土地，是用來養育民眾的，城堡，是用來保衛土地的，戰爭，是用來保衛城堡的。所以，能夠致力於農耕的話，民眾就不會挨餓；能夠致力於保衛的話，土地就不會遭受被占的危險；能夠致力於戰爭的話，城堡就不會被圍困，這三項事務，是古代先王的根本事務。在根本事務中，又以軍事建設最為急迫，所以，古代先王所專意致力的軍事建設有五方面內容：糧食儲備不豐富的話，那麼，士兵就不出動；賞賜和俸祿不優厚的話，那麼，民眾就不會互相鼓勵；列為勇武的士兵不經過嚴格挑選的話，那麼，部隊就不可能強盛；戰備器械不求精良，那麼，戰力就不可能壯大；刑罰和獎賞不實事求是的話，那麼，廣大官兵就不會敬畏。努力做好這五方面工作，那麼，軍隊駐守時，就能夠守住所要保衛的土地；行動起來就能夠實現它所追求的目標。

處在防守的部隊要打擊進攻部隊的話，那麼，防守要做到穩重，陣形要部署堅固，發動攻擊要全力以赴，戰鬥要齊心合力。

王國❶富民❷，霸國❸富士❹，僅存之國❺富大夫❻，亡國❼富倉府，所謂上滿下漏，患無所救。故曰：舉賢任能，不時日而事利；明法審令，不卜筮❽而獲吉；貴功養勞，不禱祠❾而得福❿。又曰：天時不如地利，地利不如人和。聖人所貴，人事而已。

夫勤勞⓫之師，將必先己：暑不張蓋⓬，寒不重衣，險⓭必下步⓮，軍井成而後飲，軍食熟而後飯，軍壘成而後舍，勞佚必以身同之。如此，師雖久而不老⓯不弊⓰。

【章旨】結論是國君所貴重的是發揮人的作用，而三軍統帥必須與士卒共甘苦。

【注釋】❶王國　指施行王道的國家。❷富民　指使民富。❸霸國　推行霸道的國家。❹士　原指有職事的人，這裡指戰士。❺僅存之國　僅僅維持生存的國家。❻大夫　有封地的官員。❼亡國　行將滅亡的國家。❽卜筮　卜，指占卜。古代用龜甲、獸骨等物，觀察經受火灼後所出現的裂紋來預測吉凶的迷信行為。筮，指古代用蓍草預測吉凶的迷信行為。❾禱祠　指祈求神靈。❿福　指保佑。⓫勤勞　辛苦勞累。與今義不同。⓬蓋　車蓋。它是固定在車箱上方用來遮陽避雨的設施，類似今天的傘。⓭險　指險阻。⓮下步　即下車步行。⓯老　指軍隊士氣消沈。⓰弊　通「疲」。

【語譯】實行王道的國家致力於使民眾富裕，實行霸道的國家致力於使戰士富裕，勉強維持生存的國家致力於使大夫們富裕，行將滅亡的國家致力於使國君的倉庫富裕，這就叫做上層富得溢出來而民眾漏得滴水不存，所造成的災難是沒有挽救辦法的。所以說：凡能推舉賢才任用能人，就不必選擇好日子而能夠辦事順利；凡能嚴明法紀建全號令，就不必占卜筮草而能夠獲得吉利；凡能尊重功勞優待功臣，就不必祈求神靈而能夠得到扶持。又說：天時不如地利，地利不如人和。聖賢們所看重的，仍然是人的作為罷了！

辛苦勞累的部隊，將帥必定先要以身作則：暑熱時不專為自己張開車蓋，寒冷時不專為自己添加衣服，遇到艱難險阻的地勢一定下車步行，等軍營的水井打成了才最後去飲水，待軍營的飯燒熟了才最後去吃飯，到軍營的壁壘造成了才最後去休息，不論勞苦還是安逸必定同甘共苦。像這樣，軍隊出征雖然很長久了，但是不會暮氣沈沈，也不會士氣不振。

卷二

攻權第五

【題解】「攻權」就是關於攻城作戰的謀略。本篇論述關於攻城作戰謀略的主要內容有：一、主張攻城作戰必須講求謀略，反對僥倖取勝。二、將帥善於恩威並用，在軍隊裡樹立絕對威望。三、具有充分勝利把握才能出戰。四、是攻是守還須視戰爭性質而定。五、要建立健全的軍官系統。六、進攻要分割敵人，攻其一點，速戰速勝。選擇的進攻目標應當是敵人的薄弱環節。下篇〈守權〉是本篇的姊妹篇。

兵以靜❶勝，國以專❷勝。力分者弱，心疑者背。夫力弱，故進退不豪❸，縱❹敵不禽❺。將吏士卒，動靜一身，心既疑背，則計決而不動，動決而不禁，異口虛言，將無脩容❻，卒無常試❼，發攻必衄❽。是謂❾疾陵❿之兵，無足與鬥。將帥者，心也；群下者，支節⓫也。其心動以誠，則支節必力；其心動以疑，則支節必背。夫將不心制，卒不節動，雖勝，幸勝也，非攻權也。

【章　旨】作戰攻城必須運用謀略，不能只想僥倖取勝。

【注　釋】❶靜　安靜持重。與後「疾陵之兵」相反。❷專　專一；集中。❸豪　指雄壯。即士氣高昂。❹縱　指放縱。❺禽　通「擒」。❻脩容　指嚴肅認真的面容。脩，通「修」。❼試　指考較、考試、檢查。❽衄　受挫折。❾是　即「這」。❿疾陵　指急躁冒進。⓫支節　四肢和關節。

【語　譯】軍隊依靠安穩持重而奪取勝利，國家依靠集中力量而奪取勝利。力量分散的國家虛弱，心存疑慮的軍隊背離。因為力量虛弱，所以不論前進還是後退都不雄壯，眼看敵人逃跑也不去擒捉。將帥、軍吏和士兵無論行動還是駐守都要協調得如同一個人，如果思想有了猜疑甚至背離，那麼，就會造成計策決定了但是不能付之行動，行動堅決了卻又約束不了，眾口同聲都在大發空洞的議論，將領沒有嚴肅認真的態度，士卒沒有經常的考核，一旦發動進攻必定要遭受挫折。這就叫做急躁冒進的軍隊，是不堪一擊的。將帥，是軍隊的心臟；廣大部下，是軍隊的肢體和關節。那心臟意向堅定不移，那麼，肢體和關節必定盡力執行；那心臟意向猶豫不決，那麼，肢體和關節必定不會順從。假如將帥不能像心臟那樣控制的話，那麼，士卒也不會像肢體和關節那樣聽令行動，即使打了勝仗，也只能是僥倖取勝，而不是運用權謀的必然勝利。

夫民無兩畏也。畏我侮敵❶，畏敵侮我，見侮者敗❷，立威者勝。凡將能其道者❸，吏畏其將也；吏畏其將者，民畏其吏也；民畏其吏者，敵畏其民也。是故知勝敗之道者，必先知畏侮之權。夫不愛說❹其心者，不我用❺也；不嚴畏其心者，不我舉❻也。愛在下順❼，威在上立❽，愛故不二，威故不犯。故善戰者，愛與威而已。

【章　旨】將帥必須恩威並用，在軍隊中樹立起絕對的威望來。

【注　釋】❶侮敵　指蔑視敵人。❷見侮者敗　被蔑視的人必然失敗。見，相當於「被」。❸能其道者　善於運用這原理的人。❹愛說　指使……愛悅。說，通「悅」。❺不我用　不為我所用。❻不我舉　不擁戴我。❼下順　往下順應。意指要適應下面的呼聲。❽上立　由領導者樹立。

【語　譯】民眾不可能對兩個方面都敬畏。如果敬畏我方就必定蔑視敵軍，反之，如果敬畏敵軍也就必定蔑視我方，遭受蔑視的一方必定失敗，而樹立了威望的一方必定勝利。凡是善於運用這一原理的將帥，他們的軍吏必定敬畏自己的將帥；軍吏敬畏自己的將帥，士兵必定敬畏自己的軍吏；士兵敬畏自己的軍吏，敵人必定畏懼那些士兵。因此，深知勝利與失敗原理的人，必定先深知敬畏和蔑視的謀略。不能使他們從心底愛戴和喜歡，也就不可能為我所用，不能使他們從心底嚴敬和畏懼，也就不可能擁戴我，受愛戴之道在於順應基層的心聲，而威望要由在上位的將領樹立。有了真誠的愛戴，所以忠誠不二，有了崇高的威望，所以誰也不敢冒犯。因此，善於指揮戰爭的人，只在巧妙運用愛護和威望兩端罷了！

戰不必勝，不可以言戰；攻不必拔，不可以言攻，不然，刑賞不足信❶也。信在期前❷，事在未兆❸，故眾已聚，不虛散；兵已出，不徒歸。求敵若求亡子❹，擊敵若救溺人。分險者❺無戰心❻，挑戰者無全氣❼，鬥戰者無勝兵❽。

【章旨】發動進攻要有必勝的把握。三種情況的軍隊都是可以有把握打勝的。

【注釋】❶信　令人信服。❷期前　戰期之前。❸事在未兆　料事能夠在沒有明顯苗頭的時候。❹亡子　逃跑了的兒子。❺分險者　指分散守衛險要的部隊。❻戰心　指戰鬥的意志。❼全氣　健全的士氣。❽勝兵　強盛的軍隊。

【語譯】指揮戰爭如果不能必定取勝，那就不能夠輕率地議論指揮戰爭；指揮攻城如果不能必定占領，那就不能夠隨便地議論指揮攻城，不這樣做，單靠刑罰和獎賞是不能樹立威信的。樹立威信要在未戰之前，料事要能在事情沒有明顯苗頭的時候，所以，部隊一經召集起來，就不可以毫無效果地解散；部隊已經出發，就不可以兩手空空地返回。尋求敵人要像尋求逃失兒子那樣急切而盡心，打擊敵人要像搶救落水人那樣奮不顧身。分散守衛險要地形的軍隊沒有戰鬥的意志，誘敵作戰的不會押上全部兵力，未經計畫而隨機進行戰鬥的不會是百戰百勝的軍隊。

凡挾義❶而戰者，貴從我起。爭私結怨，應不得已，怨結雖起，待之貴後。故爭必當待之，息❷必當備之。

【章旨】是發動進攻，還是等待來進攻，要看戰爭的性質而定。

【注釋】❶挾義　依仗正義。❷息　平息。指爭私結怨平息。

【語譯】凡是依仗正義而進行的戰爭，最好由我方發動，那種為爭奪私利和所結仇怨而進行的戰爭，應當是不得已的，怨仇雖然結下了，但是，最好是等待他們來攻而採取後發制人的策略。所以，有了爭私結怨，必定要時刻注視戰爭的爆發，爭私結怨平息了，仍要時刻戒備著。

兵有勝於朝廷❶，有勝於原野，有勝於市井❷。鬥則得，服則失，幸以不敗，此不意彼驚懼而曲勝❸之也。曲勝言非全也，非全勝者無權名❹。故明主戰攻之日，合鼓合角❺，節❻以兵刃，不求勝而勝也。

【章　旨】戰爭的勝利不是靠拼鬥，首先靠指揮的正確，反對曲勝。

【注　釋】❶勝於朝廷　即前文所說的「廟勝」。指依靠朝廷決策取勝。❷市井　指城市。❸曲勝　意外的勝利。❹權名　善於運用謀略的名聲。❺合鼓合角　指統一指揮號令。合，指協調。鼓和角都是發令器具。❻節　約束；控制。

【語　譯】戰爭有在朝廷上決策正確而取得的勝利，有在野外作戰而取得的勝利，有在城市作戰而取得的勝利。能夠奮勇作戰就一定獲得勝利，而屈服退讓就一定慘遭失敗，僥倖而不遭失敗的話，這是由於沒有料到敵人發生恐慌而偶然戰勝他們的。偶然取得的勝利意味著不是完全有把握的勝利，不是完全有把握的勝利，就不能稱為善用權謀。所以，英明的國君在發動攻擊的日子，一定協調並統一指揮號令，約束部隊，不急求勝利而獲得勝利啊！

兵有去備❶撤威而勝者，以其有法故也，有器用之蚤❷定也，其應敵也❸周，其總率❹也極❺。故五人而伍❻，十人而什，百人而卒，千人而率❼，萬人而將，已周已極，其朝死則朝代，暮死則暮代。權敵審將❽，而後舉兵。

【章　旨】部隊要配備好各級軍官以及他們的後備隊。

【注　釋】❶去備　撤銷防備。❷蚤　通「早」。❸也　句中語氣詞。表示停頓和強調主語「其應敵」。❹總率指軍官指揮體系。❺極　指完備。❻伍　設一名伍長。❼率　通「帥」。此指千夫長。❽權敵審將　衡量敵情和分析自己的將領。

【語　譯】打仗有撤銷防禦隱藏威力仍能取得勝利的，是由於他們指揮有法度的緣故啊！有武器物資早已安排就序的緣故啊！他們對付敵人的謀略非常周密，他們的軍官指揮體系十分完善。所以，每五名士兵設一名伍長，每十名士兵設一名什長，每百名士兵設一名卒長，每千名士兵設一名帥官，每萬名士兵設一名將官，已經很周密很完善了。他們之中早上有人死了，早上就會有人頂替上來，晚上有人死了，晚上就會有人頂替上來。權衡敵情考察將帥，然後出兵作戰。

故凡集兵，千里者旬日，百里者一日，必集敵境。卒聚將至，深入其地，錯絕❶其道，棲❷其大城大邑。使之登城逼危❸，男女數重，各逼地形，而攻要塞❹，據一城邑而數道絕，從而攻之，敵將帥不能信❺，吏卒不能和，刑有所不從者，則我敗之矣！敵救未至，而一城已降。

【章　旨】攻城作戰要分割敵人，攻其最薄弱的一環，速戰速決。

【注　釋】❶錯絕　切斷。❷棲　包圍並且使它孤立。❸逼危　接近險要的據點。❹要塞　險要的軍壘。❺不能信　不能彼此信任。

【語　譯】所以，大凡召集部隊，一千里距離的話十天到達，一百里距離的話一天到達，必須聚集在敵區。士卒結集了，將領也都到了，於是，深入敵人的腹地，切斷他們的通道，孤立並且包圍他們的大城市。驅使敵國人民爬上城牆瀕臨危亡，男女好幾層，擠在有限地形，從而攻擊險要的軍壘，占領一座城鎮使多條通道完全斷絕。隨著發起攻城，敵軍將帥彼此不能相互諒解，而軍吏、士卒們又不能和睦同心，就是動用刑罰也仍有不服從的人，那麼，我軍就打敗他們了！敵人的救兵還沒有到達，但是，一座城市已經投降我軍。

津梁❶未發❷，要塞未修，城險❸未設，渠答❹未張❺，則雖有城無守矣！遠堡未入，戍客❻未歸，則雖有人無人矣！六畜❼未聚，五穀❽未收，財用未斂❾，則雖有資無資矣！夫城邑空虛而資盡者，我因其虛而攻之。法曰：「獨出獨入，敵人不接刃而致之。」此之謂也。

【章　旨】要乘敵人空虛而不設備，發動進攻。

【注　釋】❶津梁　津，渡口。梁，橋梁。❷發　指架設。❸城險　指城防工事。❹渠答　指鐵蒺藜。即鐵製的三角障礙物，角尖如蒺藜，散布地上，可以傷害人和馬。❺張　即散布。❻戍客　遠出守衛邊境的士兵。❼六畜　家畜的總名。常以馬、牛、羊、豬、犬、雞為六畜。❽五穀　糧食作物的總名。通常指黍、稷、豆、麥、稻。❾斂　徵收。

【語　譯】要是渡口的橋梁還沒有架設，險要處的軍壘還沒有修築，城防工事還沒有設置，鐵蒺藜還沒有散鋪，那麼，雖然擁有城市，但是，卻沒有防守了！遠方的堡壘還沒有軍隊進駐，而防守邊境的士兵還沒有回來，那麼，雖然擁有部隊，但是，等於沒有軍隊了！牲畜還沒有調集，糧食還沒有徵收，資財還沒有納庫，那麼，雖然擁有物資，但是，也等於沒有物資了！凡是城市空虛並且物資窮盡的敵人，我們可以利用他們的空虛去攻擊他們。兵法說：「自由自在地在敵境中進進出出，敵人甚至來不及抵抗就被制服了！」就是說這種情況的啊！

守權第六

【題　解】本篇專門論述守城的謀略，主要內容有：一、守城也是戰爭形式之一，鬥志要昂揚，最忌一味敗縮而不抵抗。二、具體的守城方法。三、要有外來救軍，救軍和守軍密切配合，內外夾攻，講究守城的謀略。

凡守者，進不郭圉❶，退不亭障❷，以御戰，非善者也。豪傑英俊，堅甲利兵，勁弩❸強矢，盡在郭中，乃收窖廩❹，毀折入保❺，令客氣❻十百倍，而主之氣不半焉！敵攻者，傷之甚也，然而世將弗能知。

【章　旨】守城也是戰鬥，而不是敗退，因而，要士氣昂揚、步步設防，志在趕跑敵人。

【注　釋】❶郭圉　郭，指城郭。古代城市常有郭有城，郭是外城，城指內城。圉，通「禦」。意為在外城組織防禦。❷亭障　在險要處構築的防禦工事。此用作動詞，意為構築亭障。❸弩　有發射機件的射程更遠的弓。❹窖廩　窖，地室。此指地下倉庫。廩，倉庫。❺保　小城。此當指內城。❻客氣　指客軍的士氣。即進犯者的士氣。

【語　譯】凡是守衛城市，如果往前不在城外組織防禦，往後又不在險要處構築堡壘而進行防禦戰的話，絕不是善於守城的做法。英雄豪傑，堅固衣甲，鋒利兵器以及強有力的弓弩和羽箭，全都撤退到城內，並收取所有倉庫的貯藏，拆除民房，一併進內城，從而，使來犯敵軍的士氣猛增十倍百倍而使守城部隊的士氣立刻減去一半。只要敵人一發動進攻，守城部隊就遭到嚴重損傷，但是，平庸的將領不懂得這一道理。

夫守者，不失其險者也。守法：城一丈，十人守之，工、食❶不與❷焉。出者❸不守，守者不出。一而當十，十而當百，百而當千，千而當萬。故為城郭者，非特❹費於民聚土壤也，誠❺為守也。千丈之城，則萬人之城❻也。池❼深而廣，城堅而厚，士民備❽，薪食給❾，弩堅矢強，矛戟稱之❿。此守法也。

【章　旨】講述守城辦法是：要利用險要地形，構築城牆，武器、糧食有充足儲備，部隊有周密部署，民眾都有戒備。

【注　釋】❶工食　工，指工匠。食，指伙夫。❷與　指參與、算在內。❸出者　指擔任出擊的部隊。❹特　平白無故地。❺誠　的確。❻萬人之城　一萬士兵守衛的城。❼池　指護城河。❽備　戒備。❾給　保證供應。❿稱之　與堅弩強矢一樣好。

【語譯】守衛城市，不可放棄險要地形。守城的方法：一丈長的城牆要派十兵守衛，而且，工匠和伙夫還不計算在內。負責出擊的部隊就不承擔防守，而負責防守的部隊也就不必承擔出擊。這樣，士兵可以一個頂十個，十個頂百個，百個頂千個，千個頂萬個。所以說，修築城牆，並不是白白地耗費民力來堆積泥土玩的，的確是為了防守啊！一千丈長城牆的城市，也就是擁有一萬部隊守護的城市，護城河要挖得又深又廣，城牆要築得又牢又厚，民眾齊心戒備，柴火糧食保證供給，弩弓堅硬有力，羽箭強硬，矛戟諸兵器也同樣很優良。這一切就是守城的方法。

攻者不下十餘萬之眾，其有必救之軍者，則有必守之城；無必救之軍者，則無必守之城。若彼城堅而救誠，則愚夫惷婦無不蔽城❶盡資❷血城❸者，朞年之城❹，守餘於攻者，救餘於守者。若彼城堅而救不誠，則愚夫惷婦無不守陴❺而泣下，此人之常情也，遂發其窖廩救撫，則亦不能止矣！必鼓❻其豪傑英俊，堅甲利兵、勁弩強矢并❼於前，么麽毀瘠❽者并於後。十萬之兵頓❾於城下，救必開之，守必出之，出據要塞，但救其後❿，無⓫絕其糧道，中外相應。此救而示之不誠，示之不誠，則倒敵⓬而待之者也。後其壯⓭，前其老⓮，彼敵無前⓯，守不得而止矣⓰！此守權之謂也。

【章　旨】敘述守城的謀略，前章所講的守法是通常的基本的方法，守權講臨機應變、救守配合，迷惑敵人，勝敵於不意之中。

【注　釋】❶蔽城　指上城人多得蓋住了城樓。❷盡資　指盡出家財。❸血城　指為守城不惜流血城上。❹朞年之城　意指能夠堅守一週年的城市。朞年，即週年。朞，同「期」。❺陴　城垛。❻鼓　鼓動。❼并即併。併力。❽么麼毀瘠　意即病殘弱小的人。么麼，指身體弱小。毀瘠，指病殘。❾頓　聚集。❿但救其後但，相當於「只」。救，指打擊。其後，指敵軍的後面部分。⓫無　通「毋」。⓬倒敵　顛倒敵人，迷惑敵人。⓭後其壯　把壯年人部署在後面。⓮前其老　把老年人部署在前面。⓯無前　沒有前方的防備。⓰守不得而止矣　守城部隊出擊就不可能被制止了。

【語　譯】攻城的敵軍不少於十幾萬人之多，如果有必定前來救援的軍隊的話，那就會有堅守不動的城市；如果沒有必定前來救援的軍隊的話，那就不會有堅守不動的城市。如果他們城池防守堅固並且救援軍隊可靠的話，那麼，就連最愚笨不懂事務的人也不會不擁上城樓拿出所有家財甚至為守城而流血的，能夠堅守一年的城市，一定是防守軍隊多於攻城的軍隊，而救援的軍隊又多於防守的軍隊。如果他們城池防守堅固但是救援軍隊不可靠的話，那麼，就連愚笨不懂事務的人也不會不擠在城垛邊痛哭失聲的，這是人的常情啊！就是立即開倉救濟和安撫，也不能夠制住他們的悲觀和失望了！必定要鼓勵他們之中的英雄豪傑，集中堅固衣甲、犀利兵器、強勁的弩弓和羽箭而併力在前面戰鬥，而讓體弱病殘的人併力在後面接應。十萬攻城軍隊聚集在城外，救援部隊必須打破他們的包圍圈，守城部隊也必須出擊敵軍，從而占據險要的地形。救援部隊只能攻擊敵軍的後部，切不可以斷絕他們的運糧通道。守城部隊與救援部隊內外配合一致。這是前來救援但是又向敵軍顯出不誠心的姿態，向敵軍顯示出不誠心的姿態，那麼，就能迷惑敵軍從而等待有利的戰機了。守城軍隊故意把壯年人部署在後面，而把老年人部署在前面，使敵軍放鬆了前面的防備，從而發動出擊，敵人就不能夠制住了。這一切就叫做守城的謀略。

十二陵第七

【題　解】「陵」是山陵，「十二陵」指十二分界。本篇專門論述將帥治軍應達到的十二個標準和如何達到的途徑，同時，又從反面提出將帥治軍最常犯的十二種錯誤和導致錯誤的根源。顯然，這是作者根據大量歷史的和現實的經驗教訓而總結出來的，說《尉繚子》為當時集大成之作，這就是一例。

威在於不變，惠在於因時❶，機❷在於應事❸，戰❹在於治氣❺，攻在於意表❻，守在於外飾❼，無過在於度數❽，無困❾在於豫備，慎在於畏小，智在於治大，除害在於敢斷，得眾在於下人❿。

【章　旨】提出將帥治軍應達到的十二個目標和如何達到的途徑。這十二個目標既關係到個人素質，也關係到制訂並執行的政策。

【注　釋】❶因時　依據和順應時勢。❷機　指機敏、機變。❸應事　指順應事情。❹戰　指指揮戰鬥。❺治氣　指調理士氣。❻意表　意外。指出於敵人的意外。❼外飾　外在的掩飾。即偽裝，意為製造假象，比一般「偽裝」涵義要廣大得多。❽度數 度，指制度或限度。數，即周密、周詳。❾困 指困惑。❿下人 指謙遜。恭敬待人，把自己放在對方之下的地位去對待對方。

【語譯】樹立威望在於不隨便改變決定，施與恩惠在於順應時機，機敏在於接應事件，指揮作戰在於調理士氣，發動進攻在於出敵意外，組織防守在於製造假象，沒有過錯在於制度周詳，沒有困惑在於早有準備，謹慎小心在於不放過小事情，明智通達在於從大局出發，消除禍害在於果敢決斷，贏得軍眾在於謙恭待人。

悔在於任疑❶，孽❷在於屠戮，偏在於多私，不祥在於惡聞己過，不度在於竭民財，不明在於受間❸，不實在於輕發❹，固陋❺在於離賢，禍在於好利，害在於親小人❻，亡在於無所守❼，危在於無號令。

【章旨】總結將帥治軍中出現的十二種錯誤及其原因，也是既關係到個人素質，也關係到制訂並執行的政策。

【注釋】❶任疑 相信懷疑的東西。❷孽 罪惡。❸間 離間。❹輕發 輕易地發動。❺固陋 固執淺薄。❻小人 品行不端，聞見淺薄的人。❼所守 所據守的險要處。

【語譯】產生後悔是由於放任疑慮和猶豫不決，造成罪孽是由於大肆屠殺，辦事不順遂是由於討厭聽到批評自己的過錯，失去限度是由於耗盡民財，不能明察是由於聽受離間，不切事實是由於輕舉妄動，固執淺薄是由於遠離賢人，遭受禍難是由於貪圖利益，受到損害是由於親近小人，陷於滅亡是由於沒有可以據守的地方，面臨危急是由於沒有全軍聽從的號令。

武議第八

【題　解】「武議」即議武，意指關於動用軍事的議論，本篇的主要內容有：一、認為戰爭的性質是平定暴亂、禁止不義行為的強有力手段，而討伐的目標應集中在首惡一人。二、要從國情出發動用軍事力量。三、戰爭的勝敗不取決於天而取決於人，靠參戰者的發揮。四、重視將帥在戰爭中的重要作用。五、處理好國君與將帥的關係，在指揮戰爭中確保將帥的自主權。六、將帥要善於治軍，特別要注重賞罰嚴明、令出如山、恩威並用、謙恭待下、身先士卒等環節。

凡兵，不攻無過之城，不殺無罪之人。夫殺人之父兄，利❶人之財貨，臣妾❷人之子女，此皆盜也。故兵者，所以❸誅暴亂、禁不義也。兵之所加者，農不離其田業❹，賈不離其肆宅❺，士大夫不離其官府，由其武議❻在於一人，故不兵血❼刃而天下親焉❽！

【章　旨】認為戰爭的性質是平定暴亂、禁止不義的手段，戰爭的目標應當集中在首惡一人，不能濫殺無辜。

【注　釋】❶利　即貪圖。此作動詞用。❷臣妾　上古「臣」指男性奴隸，「妾」指女性奴隸。此作動詞，意為使……成為男女奴隸。❸所以　與今義不同，指「用來……的」。❹田業　田地。❺肆宅　店鋪。❻武議　此指戰爭目標。❼血　作動詞用。意為血染。❽親焉　即親附於他。親，指親近、親附。焉，相當於「於他」。

【語　譯】凡是發動戰爭，不去攻打沒有過惡的城市，也不會殺害沒有罪過的人。至於殺害人家的父親和兄長，貪圖人家的錢財，把人家的子女俘來當奴隸，這都是強盜的行徑啊！所以說戰爭是用來平定暴亂、禁止不義惡行的手段。軍隊所到之處，農夫不會逃離自己的田地，商賈不會逃離自己的店鋪，官員不會逃離自己的機關，由於戰爭目標集中到首惡一個人身上，因此，不必動用兵器而普天下都親附於他了！

萬乘❶農戰❷，千乘救守❸，百乘事養❹。農戰不外索權❺，救守不外索助❻，事養不外索資❼。夫出不足戰，入不足守，治之以市，市❽者，所以給戰、守❾地。萬乘無千乘之助❿，必有百乘之市⓫。

【章　旨】發動戰爭要依據國家的實力作出不同的部署，但是，不論國家大小，進行戰爭都要具有充足的經濟供應。

【注　釋】❶萬乘　指擁有萬輛戰車的大國。先秦時期，把國家按萬乘、千乘、百乘分為大、中、小三等。因而，也把萬乘、千乘、百乘分別作為大國、中等國家和小國的代稱。❷農戰　指大力開發農業積極從事戰爭。

❸救守　自救自守。指中等國家依據國力而應採取的戰略。❹事養　從事於養活自己而不招惹是非。指小國應採取的戰略。❺不外索權　不求取外國的權勢。❻索助　求取援助。❼索資　求取資財。❽市　集市。❾給戰守　供給戰爭和防守的需要。❿千乘之助　中等國家規模的經濟補助。⓫百乘之市　能取得小國規模經濟收入的集市。

【語譯】萬乘大國可以致力於開發農業積極從事戰爭，千乘國家可以致力於自救自守而保全自己，百乘小國可以致力於發展生產而養活自身。致力於開發農業而又積極從事戰爭的國家不要求取外國的權勢，致力於自救自守的國家不要求取外國的援助，致力於發展生產而養活自身的國家不要求取外國的資財。如果對外不能夠充分供應戰爭的需要，對內又不能充分供應防守的需要，那麼，就可以通過發展集市來調節。所謂發展集市，就是作為保證供給戰爭和防守的手段的。如果萬乘大國沒有千乘國家規模那樣的經濟補助，就必有可以取得百乘國家規模經濟收入的集市。

凡誅者，所以明武❶也。殺一人而三軍震者，殺之；殺一人而萬人喜者，殺之。殺之貴大，賞之貴小，當殺而雖貴重，必殺之，是刑上究也；賞及牛童馬圉❷者，是賞下流❸也。夫能刑上究、賞下流，此將之武也。

故人主重將。

【章旨】將帥的威嚴取決於執法嚴明，責罰能不避權貴，獎賞施及地位卑下的人。

【注　釋】❶明武　明，表明；顯現。武，威嚴。❷牛童馬圉　指牧牛人和養馬夫。用來代表地位低下的人。❸下流　向下面留意。

【語　譯】執行刑罰，是用來表明將帥的威嚴的。要是殺死一個人能夠使全軍震驚的話，就殺死他；要是殺死一個人能夠使千萬人歡悅的話，就殺死他。所以刑殺的原則是對上位的人動手（如此才有震懾力），獎賞的原則是以最卑微的人為對象（如此才有親和力）。應當處死的，即使地位貴重，也必定殺死他，這就叫做向上用刑；獎賞能夠注意到牧牛人和養馬夫，這就叫做賞及下層。能夠向上用刑，賞及下層，這就是將帥的威嚴啊！所以國君格外重視將領。

夫將提鼓揮枹❶，臨難決戰，接兵角❷刃，鼓之而當，則賞功立名；鼓之而不當，則身死國亡。是興亡安危應❸在枹端，奈何❹無❺重將也？

【章　旨】說明將帥的重要，直接關係到國家的興亡安危。

【注　釋】❶枹　鼓槌。❷角　相鬥。❸應　表現；反映。❹奈何　指怎麼。❺無　相當於「不」。

【語　譯】在戰場上，將帥扶著令鼓揮動鼓槌，面對戰爭作出決策，指揮部隊與敵人刀兵相接，擊鼓發令如果得當，那麼，就會得到賞賜功勞和樹立名聲；擊鼓發令如果不得當，那麼，就會自身捐軀連國家也遭滅亡。這就說明國家的興盛、衰亡、安全、危急全都表現在他的鼓槌上，身為一國之主怎麼可以不重視將帥呢？

夫提鼓揮枹，接兵角刃，君以武事成功者，臣以為非難也。古人曰：「無蒙衝❶而攻，無渠答❷而守，是為無善之軍❸。」視無見，聽無聞，由❹國無市也。夫市也者❺，百貨之官❻也，市賤賣貴，以限士人。人食粟一斗❼，馬食菽❽三斗，人有飢色，馬有瘠形；何也？市有所出，而官無主❾也。夫提❿天下之節制⓫，而無百貨之官，無謂其能戰也！

【章旨】將帥是軍隊的主管，國君通過他才能管理好軍隊。

【注釋】❶蒙衝　古代的一種用來衝擊的大船。❷渠答　專門散布地面的三面長刺的鐵釘。又叫鐵蒺藜，是具有殺傷力的防守設施之一。❸無善之軍　缺少完善裝備的軍隊。❹由　通「猶」。❺也者　也，語氣詞。者，表示提頓。❻官　指管理。❼人食粟一斗　一人一天吃粟一斗。❽菽　豆。❾官無主　管理沒有人負責。❿提　指掌管。⓫節制　指調度。

【語譯】至於扶著令鼓揮動鼓槌，指揮部隊與敵人刀兵相接，國君依靠戰爭成就功業，我認為不是困難的事情。古人說：「沒有蒙衝戰艦而要發起衝擊，沒有鐵蒺藜而要部署防守，這就是沒有良好裝備的軍隊。」有眼看不見，有耳聽不到，就像國家沒有設立集市一樣。集市，是對各種貨物的管理，買賤賣貴，通過它來限制進行交易的人們。一人一天吃粟一斗，馬一天吃豆三斗，人有飢餓的面色，馬呈瘦瘠的體形，這是什麼原因呢？是因為雖有市場，但是，管理沒有人負責。至於掌管整個天下的調度，卻沒有像集市對百貨進行有效管理那樣，就不可以說他是善於指導戰爭了！

起兵，直使甲冑生蟣蝨❶者，必為吾所效用也。鷙鳥❷逐雀，有襲❸人之懷、入人之室者，非出生❹也，後有憚也。

【章　旨】將帥管理軍隊必須恩威並用。

【注　釋】❶甲冑生蟣蝨　指長期在外艱苦作戰。甲冑，軍人所穿戴的防護裝備。甲，衣甲。冑，頭盔。蟣，蝨卵。蝨，是一種寄生於人畜身上的吸血小蟲。不注意衛生清潔的人最容易滋生。❷鷙鳥　指猛禽。❸襲　指突然闖入。❹出生　意為出於本性。生，通「性」。

【語　譯】派遣部隊長期在外作戰，一直持續到衣甲長起了蝨和蝨卵，那是必定願意為我效力的。猛禽追捕小雀，有時候，小雀突然撞進人的胸懷、闖入人的房間，這不是出於它的本性，而是因為後面有威脅啊！

太公望❶年七十，屠牛朝歌❷，賣食盟津❸，過七十餘而主不聽❹，人人謂之狂夫也。及遇文王❺，則提❻三萬之眾，一戰❼而天下定，非武議安❽得此合❾也？故曰：「良馬有策❿，遠道可致；賢士有合，大道⓫

可明⓬。」

【章旨】國君和將帥對於戰爭要觀點一致，將帥才能發揮作用。

【注釋】❶太公望　姓姜呂氏名尚字子牙，是周武王滅亡商朝的主要輔佐。相傳他離開商朝京城到渭河邊隱居，被周文王遇到了。周文王興奮地說：「吾太公望子久矣！」意為我的父親盼望您很久很久了！後來「太公望」就成了他的別稱。❷屠牛朝歌　在朝歌以殺牛為業。朝歌，是商朝京城，在今河南省淇縣北。❸盟津　原叫孟津，是黃河重要渡口，在今河南省孟津東北。相傳周武王率軍伐商，在這裡同各諸侯會師和結盟，所以，又名盟津。❹聽　採納。❺文王　即周文王。姓姬名昌，商朝時任西方各諸侯的首領，又叫西伯，伯昌。周族在他統治期間，日益強大，威望也不斷提高，並建立豐邑（今陝西省西安西南灃水西岸）做為國都。❻提　率領；統率。❼一戰　進行一次戰役。❽安　指哪裡。❾合　指相合、信用。❿策　馬鞭。⓫大道　治國的道理。⓬明　指昌明、實行。

【語譯】太公望年紀已經七十歲了，還在商朝京城以殺牛為業，又在盟津賣食物，希望紂王能任用他，但是，一直過了七十多歲，人主還是不採納，人人都叫他為狂人。到了遇見了周文王以後，就能夠統率三萬大軍，只打了一次戰役就平定了天下，不是他的武議正確哪裡能夠得到這樣重用呢？所以說：「好馬有了鞭策，遙遠的途程也可以到達；賢能的人才得到了信用，治國的道理也就能夠昌明。」

武王伐紂❶，師渡盟津，右旄左鉞❷，死士❸三百，戰士❹三萬。紂之陳億萬❺，飛廉、惡來❻身先戟斧，陳開❼百里。武王不罷❽士民，兵不血刃，而克商誅紂，無祥異❾也，人事脩不脩而然❿也。今世將考孤虛⓫，占咸池⓬，合龜兆⓭，視吉凶，觀星辰風雲之變，欲以成勝立功，臣以為難。

【章　旨】通過武王伐紂的著名戰例，說明決定戰爭勝敗是「人事」而不是天意，領導戰爭應當重人事。

【注　釋】❶武王伐紂　武王即周武王，姓姬名發，是周文王兒子。他繼承並實現了父親遺志，成為周王朝的建立者。紂，被周武王滅亡的商朝的末代君主。❷右旄左鉞　旄，指用旄牛尾裝飾的令旗。鉞，像斧形的兵器，這裡用作掌握生殺權力的象徵。這兩種物件在上古用來代表最高權力。❸死士　特別勇猛的敢死隊。❹戰士　戰鬥的士兵。❺陳億萬　陳，即「陣」。億萬，極言兵多。❻飛廉惡來　紂王的兩員勇將。飛廉是惡來的父親，據《史記・秦本紀》記載，飛廉擅長奔跑，惡來富有勇力，在雙方決戰中，惡來戰死，飛廉逃亡。❼開　鋪開。❽罷　通「疲」。使……疲勞。❾祥異　吉祥和不吉祥的差別。❿人事脩不脩而然　對於人的管理好還是不好才造成這樣結局。脩，通「修」。治理得好。然，指這樣。⓫孤虛　是一種據說可以依據年月日來判斷方位吉凶的方法。孤，指不吉利的方位。虛，指吉利的方位。⓬咸池　原是星名。這裡指據說可以依據星象預定吉凶的方法。⓭合龜兆　合，指會合觀察。龜兆，指龜殼鑽孔火灼後所出現的裂紋，據說這種裂紋能夠預示吉凶。

【語　譯】周武王討伐商紂王，軍隊渡過盟津，周武王右手拿著旄旗，左手握著令斧，率領敢死隊三百名，作戰士兵三萬人。紂王部署的兵陣擁有億萬名士兵，勇將飛廉、惡來等人身先士卒，兵陣鋪開綿延一百里。周武王並沒有竭力去消耗民力，連士兵的武器也沒有沾染血污，但是消滅了商王朝殺死了紂王，沒有吉祥還是不吉祥的差別啊，而是人事治理得好還是不好才造成這樣結局的。現今世俗的平庸將領一味考究「孤虛」，占卜「咸池」，會合龜殼裂紋來預測吉利和凶險，觀察星辰風雲等自然變化，想通過它來獲取勝利和建立功勳，我認為是難以達到的。

夫將者，上不制於天❶，下不制於地，中不制於人❷。故兵者，凶器❸也；爭者，逆德❹也；將者，死官❺也，故不得已而用之。無天於上，無地於下，無主於後，無敵於前，一人之兵❻，如狼如虎，如風如雨，如雷如霆❼，震震冥冥❽，天下皆驚。勝兵❾似水。夫水至❿柔弱也，然所以觸丘陵，必為之崩，無異⓫也，性專而觸誠也。今以莫邪⓬之利，犀兕之堅⓭，三軍之眾，有所奇正⓮，則天下莫當其戰矣！故曰：「舉賢用能，不時日而事利；明法審令，不卜筮⓯而獲吉；貴⓰功養勞⓱，不禱祠而得福。」又曰：「天時不如地利，地利不如人和。」古之聖人，謹⓲人事而已！

【章旨】保證將帥在治理軍隊和部署戰爭中享有充分的主動權和獨立地位，才能發揮作用。

【注　釋】❶不制於天　不被天所限制。於，相當於「被」。❷人　指國君和敵人。❸凶器　凶殺的工具或手段。❹逆德　逆反的品性。❺死官　負責殺生的職位。❻一人之兵　統一得如同一人的軍隊。❼霆　也是雷。❽震震冥冥　像聲詞。模擬雷聲。❾勝兵　強盛的軍隊。❿至　相當於「最」、「極」。⓫異　異常；特殊。⓬莫邪　古代相傳的名劍，能夠斬金削玉。⓭犀兕之堅　用犀牛皮製成的堅固的盔甲。兕，犀的異稱。⓮奇正　古代作戰，以正面作戰的大部隊為「正」，執行邀截襲擊的特遣部隊為「奇」，講究正兵與奇兵的配合。⓯卜筮　兩種占卜方法。卜的工具是龜甲獸骨等，筮的工具是蓍草莖。蓍草別名鋸齒草，蚰蜒草。⓰貴　指以……為貴。⓱勞　指功勞。⓲謹　指注重、努力。

【語　譯】至於將帥這一職務，應當上不受天時的控制，下不受地利的控制，中不受他人的控制。所以戰爭是殘殺的工具；爭奪是逆反的品性；將帥是負責生殺的官吏，因此到了不得已的時候才會使用它。沒有天時在上面控制，沒有地利在下面控制，沒有國君在後面控制，沒有敵人在前面控制，統一得如同一人的軍隊，一旦行動起來，就像狼像虎，像風暴像驟雨，像雷像電，轟轟隆隆，天下都感到驚恐。強盛的軍隊又好像水。水是天下最柔和軟弱的了，但是，用它來衝激山丘陵阜，必定使它們統統倒塌，其原因不外乎水的性格非常專一而且衝激又持續不斷啊！如今能夠掌握莫邪劍的鋒利、犀牛甲的堅牢，軍隊的眾多，有正兵與奇兵的巧妙配合，那麼，天下就沒有誰能抵擋他所進行的戰爭了！所以說：「推舉賢才，信用能人，就算不占卜時辰日期也能辦事順利；嚴明法紀，周密號令，就算不筮問吉凶也能獲得吉祥；獎賞立功，優撫有勞績的人，就算不祈禱鬼神也能得到福佑。」又說：「天時不如地利，地利不如人和。」古代英明傑出的君主，都是致力於辦好管理人的工作罷了！

吳起❶與秦戰，舍❷不平隴畝❸，樸樕❹蓋之，以蔽霜露。如此何也？不自高人❺故也。乞❻人之死不索尊❼，竭人之力❽不責禮。故古者❾，甲冑之士❿不拜，示人無己煩⓫也。夫人煩而欲乞其死、竭其力，自古至今，未嘗聞矣！

【章　旨】以名將吳起為榜樣，將帥要謙遜，要尊重自己率領的士兵。

【注　釋】❶吳起　戰國時著名軍事家、政治家。詳〈制談〉注。❷舍　即宿營。❸隴畝　即有田隴的耕地。❹樸樕　指叢生的灌木。❺自高人　自己把自己擺在高於別人的地位。❻乞　指乞求。❼索尊　指要求尊敬。❽竭人之力　要求他人盡力。❾古者　古時候。「者」字無義。❿甲冑之士　即身穿盔甲的人。⓫示人無己煩　即向人們表明不要為自己煩勞不已。無己煩，即「無煩己」的倒置。無，通「毋」。

【語　譯】吳起曾經與秦軍作戰，宿營的時候，他連耕地裡的田隴都不去剷平就睡下了，只是折取一些雜亂的灌木蓋在身上，藉以遮蔽寒霜和夜露罷了。這樣做是為什麼呢？是不想把自己擺在高於別人的位置上啊！要求人們去效死就不應當又要求他們尊敬自己，要想人們盡力也就不應當又要求他們講究等級禮節。所以古時候，穿上盔甲的戰士不必行跪拜之禮，向人們表明切不可為自己而增添煩勞！如果使人們為自己而增添煩勞卻又要求他們去效死和盡力，這可是從古到今都沒有聽到過的事啊！

將受命❶之日忘其家，張軍❷宿野忘其親❸，援枹而鼓忘其身。吳起臨戰，左右進劍。起曰：「將專主旗鼓耳！臨難決疑，揮兵指刃，此將事也。一劍之任❹，非將事也。」三軍成行，一舍❺而後成三舍，三舍之餘，如決川源。望敵在前，因其所長而用之：敵白者堊❻之，赤者赭❼之。

【章旨】再以名將吳起為榜樣，說明將帥要有為國捐軀的精神，盡好指揮戰鬥的職責，切不可逞一夫之勇。

【注釋】❶受命　接受任命。❷張軍　指布置軍隊。❸親　指父母。❹一劍之任　一名持劍戰士的職責。❺舍　古代行軍以三十里為一舍。❻堊　原是白泥。此用作塗成白色。❼赭　原是紅泥。此用作塗成紅色。

【語譯】將帥在接受任命的那一天就不再顧及他的家庭，布置部隊已經在野外宿營了，就不再顧及他的父母，拿起鼓槌擊鼓指揮，也就不再顧及自身的安全了。吳起身臨開戰，左右送上一把劍來。吳起卻說：「將帥是專門負責用旗和鼓指揮作戰的！面臨危難斷決疑難，指揮部隊戰鬥，這才是將帥的職責啊！仗一把劍去交鋒的任務，並不是將帥的職責啊！」全軍整隊出發，先行軍三十里，接著走出了九十里，九十里以後，部隊就好像決堤的河水，浩浩蕩蕩勢不可當。望見敵軍在前面，借他們的長處而加以利用，如果敵軍是用白色標幟的，那麼，自己也用白色加以塗飾；如果敵軍是用紅色標幟的，那麼，自己也用紅色加以塗飾。

吳起與秦戰，未合❶，一夫不勝其勇，前❷獲雙首而還，吳起立斬之。軍吏諫❸曰：「此材士❹也，不可斬。」起曰：「材士則是矣❺！非吾令也！」斬之。

【章　旨】以名將吳起為榜樣，要求將帥必須做到令行禁止。

【注　釋】❶未合　雙方陣勢還沒有接觸。❷前　衝上前去。❸諫　提意見糾正上級或尊長的錯失。❹材士　有材力的戰士。❺是矣　是這個樣子的了。

【語　譯】吳起曾經與秦軍作戰，兩軍陣勢還沒有交接，有一個人不能控制自己的勇氣，就衝上前去斬了敵人兩個首級回陣來，吳起立即下令處死他。軍吏提意見勸說：「這是有材力的戰士啊！不能夠處死的。」吳起說：「有材力的戰士倒的確是這個樣子的！但是，沒有遵守我的軍令啊！」還是把他處死了。

將理第九

【題　解】將理意指將帥之道通於用法之道。本篇深刻地指出戰國中晚期由於長期軍事掛帥，各國實施的重刑主義與連坐制度對內政與人民生活所造成的傷害。內政是軍事的後盾，軍事是內政的延伸，因此尉繚子在此篇中指出，刑獄過濫，用法不平，造成「千金不死，百金不刑」、「良民十萬聯於囹圄」的社會現象，是導致軍事無法順利動員的危機的起因。而整個用法的綱領，也就是將帥之道的原則，就是無私。無私才足以使領導者不受牽制，主宰萬物。

凡將，理官❶也，萬物之主也，不私❷於一人。夫能無私於一人，故萬物至而制之❸，萬物至而命之❹。

【注　釋】❶理官　古代審理獄訟的司法人員。❷私　偏私；偏袒。❸制之　裁決它。❹命之　判決確當的罪名。

【語　譯】為將之道，與執法的道理沒有兩樣，他是一切事物的主宰啊！絕不偏私於某個人。正是能夠不偏私於某個人，所以，一切事物來到都能駕馭它，一切事物來到都能控制它。

君子❶不救囚❷於五步之外，雖鉤矢射之❸，弗追❹也。故善審囚之情❺，不待箠楚❻，而囚之情可畢矣！笞❼人之背，灼❽人之脅，束人之指，而訊囚之情，雖國士❾有不勝其酷而自誣❿矣！

【章旨】法官要致力於審察囚犯的實情，切不可嚴刑逼供，製造冤假錯案。

【注釋】❶君子　古代稱有德行的人。❷救囚　指追究囚犯。救，通「求」。❸鉤矢射之　指管仲射中齊桓公帶鉤的事。春秋時，齊桓公趕回國去繼承王位，路上被他哥哥的謀臣射中帶鉤。回國接位後，他聽信管仲知友鮑叔的話，非但不追究以往的怨恨，而且，用為丞相。在管仲的輔佐下，齊桓公竟成為春秋時期第一代霸主。❹追　追究。❺情　實情。❻箠楚　箠，木棍，又作「棰」。楚，荊木做的刑杖。二者都是刑具。這裡指用刑拷問。❼笞　用鞭、杖、竹板等抽打。❽灼　燒烙。❾國士　指一國之內稱得上傑出的人物。❿自誣　即誣告自己。

【語譯】正直的法官親自體察案情，不必追究囚犯遠到五步以外，就像齊桓公，即使射中了帶鉤，也不加以追究。所以，善於審問囚犯的實情，是不必等到動用刑杖拷問，就能夠完全取得囚犯的真實案情了！鞭打犯人的脊背，燒灼犯人的胸脅，捆束犯人的手指，這樣來審訊囚犯的案情，那麼，即使是全國最傑出的人物也會受不了酷刑而誣陷自己了！

今世諺云：「千金不死❶，百金不刑。」試聽臣之術，雖有堯舜❷之智，不能關❸一言；雖有萬金，不能用一銖❹。

【章旨】用以上案情定能克服流行的行賄賣案的弊病。

【注釋】❶千金不死 擁有千金家產的人不會判死刑。意指行賄賣法。❷堯舜 我國上古社會兩位部族聯盟領袖。傳說中賢明帝王的典範。❸關 參與。❹銖 古代重量單位，二十四銖合為一兩，這裡用來表示微小。

【語譯】現今社會流行一句諺語，說：「擁有千金家產的人不會判死刑，擁有百金家產的人不會被用刑。」請聽取我上面所陳述的辦法，那麼，即使具有像堯舜那樣的智慧，也不可能關說一句話；即使擁有萬金家產的人，也不可能用上一分錢的賄賂。

今夫決獄❶，小圄❷不下十數❸，中圄不下百數，大圄不下千數。十人聯百人之事，百人聯千人之事，千人聯萬人之事。所聯之者❹，親戚❺兄弟也；其次，婚姻❻也；其次，知識❼故人也。是❽農無不離田業，賈無不離肆宅，士大夫無不離官府。如此關聯良民，皆囚之情也。兵法曰：「十萬之師出，日費千金。」今良民十萬而聯於囹圄❾，上不能省，臣以為危也。

【章 旨】當時斷案廣泛株連無辜，監牢中人滿為患，不但嚴重影響國家經濟，而且，還會造成政治危機。

【注 釋】❶獄 訟案。而不指監牢。❷圄 監禁。❸十數 十人。下「百數」、「千數」，句法相同。❹所聯之者 即被他牽連到的人。❺親戚 古指父母。❻婚姻 古指妻族。❼知識 相知相識的人。即朋友。❽是凡是。❾囹圄 古代監獄。

【語 譯】當今判決案件，小案件的監禁不少於十人，中等案件的監禁不少於百人，大案件的監禁不少於千人。並且，監禁了十人就會牽連到上百人的事情，監禁了百人就會牽連到上千人的事情，監禁了千人就會牽連到上萬人的事情。被牽連到的人，首先是他的父母兄弟；其次，是他的妻子的娘家；再次，是他的好友熟人。鬧得凡是農民沒有不逃離他的耕地，商人沒有不逃離他的店鋪，官吏沒有不逃離他的辦公機關。這樣廣泛地牽連無辜良民，都是被監禁人的真實情況啊！兵法上說：「十萬大軍出征，每天要耗費千金。」如今無辜良民有十萬之數被牽連入獄，身為領導不能省察的話，我認為是很危險的。

卷三

原官第一〇

【題解】「官」也就是「管」，本文所說的官上自天子，中及諸侯、下至群臣。「原」指推溯本原。本篇通過推溯本原，說明統治的原則。主要內容在，透過職業與身分的分類分級，使臣民各安其位。君主則有種種的方法與技巧，考核臣民的績效，維持統治的秩序，達成社會穩定。本篇對政治的討論，表現了雜揉法家與黃老思想的時代色彩。

官者，事之所主❶、為治之本也。制❷者，職❸分四民❹，治之分❺也。

【章　旨】官吏系統是治國的依靠，民眾也要按職業作出區分，才便於管理。

【注　釋】❶主　主管；負責。❷制　即制度、體制。❸職　指職業。❹四民　指士、農、工、商。❺治之分　指治理民眾所應有的區分。

【語　譯】官吏是事務的主管、治理國家的根本力量。制度按照職業把民眾分成士、農、工、商四類，是治理民眾所應有的劃分啊！

貴爵富祿必稱❶，尊卑之體❷也。好善罰惡，正比法❸，會計❹民之具也。均井地，節賦斂❺，取與❻之度也。程❼工人，備器用，匠人❽之功也。分地塞要❾，殄怪❿禁淫⓫之事也。守法稽斷⓬，臣下之節也。明法稽驗⓭，主上之操也。明主守⓮，等輕重⓯，臣主之權⓰也。明賞賚⓱，嚴誅責，止姦之術也。審開塞⓲，守一道，為政之要也。下達上通，至聰⓳之聽也。知國有無之數，用其仂⓴也。知彼弱者，強之體㉑也。知彼動者，靜之決也。官分文、武，惟王之二術㉒也。

【章　旨】闡明了管理國家所應有的體制、政策，各種官員的職責以及國君應掌控的事。基本上概括了國家行政和組織的各個方面工作。

【注　釋】❶必稱　必定要相稱。❷體　體制。❸比法　古代國王要求地方政府，逐年登記所屬地區的人口、家畜、兵車和出產等情況，每年各諸侯國總計一次，每三年到天子京城總計一次，這就叫比法。《周禮・地官・小司徒》記載著：「乃頒比法於六卿之大夫，使各登其鄉之眾寡、六畜、車輛，辨其物。以歲時入其數，以施政教，行徵令。及三年則大比，大比受邦國之比要。」❹會計　會總統計。❺賦斂　賦，兵賦。據《周禮・地官・小司徒》載：「四井為邑，四邑為丘，四丘為甸，一甸六十四井。每甸出兵車一乘、馬四匹、甲士三人、步卒七十二人。」斂，財稅。主要指土地稅。❻取與　收取賦稅和留給民眾。實際上就只收取。❼程　考核。❽匠人　據《周禮・考工記・匠人》記載，匠人是主管營造房屋、城牆、溝渠等工程的官吏。❾分地塞要　劃分防區，控制險要地點。❿殄怪　消除怪異事件。⓫禁淫　指禁止過分行為。⓬稽斷　考察並判定。⓭稽驗　考察並檢驗效果。⓮主守　主管的範圍。⓯等輕重　衡量重要的程度。⓰臣主之權　主管群臣的謀略。⓱賚　賞賜。⓲審開塞　見前〈兵談〉注❾。⓳聰　指聽覺靈敏。比喻對情況很了解。⓴仂　餘數。㉑體　基礎。㉒官分文武惟王之二術　戰國以前，政府官職由貴族世代繼承，稱為「世官」。當時將相合一，文武不分。隨著封建制度的崩潰與官僚制度的成熟，文官與武官的分職，各司不同功能，才成為當時行政改革的一項重要訴求。

【語　譯】高貴的爵位必定與豐厚的俸祿相稱，這是分別尊貴和低下等級的體制。愛好善良懲辦凶惡，統一頒布比法，這是總合統計民眾的手段。平均井和土地，節制徵收賦稅，這是向民眾收取財物的制度。考核工人，備齊器材和物資，這是匠人負責的工作。劃分防區，控制險要地點，這是消除怪異事件和禁止過分行為所要做好的事情。遵守法律去考察並斷案，這是做臣下的品格。制定法律，考察並檢驗執行效果，這是君主必須掌握的。明確不同的主管範圍，分清各自的重要程度，這是主管群臣的所用的謀略。明確賞賜，從嚴懲辦，這是制止奸邪的方法。謹慎做到一面誘導，一面制裁，讓人民只有一條路可以發展，這是執政的要領。上情下達，下情上通，才是全盤了解情況的方法。知悉國家財政所有的和短少的數量，這是為了知道可以拿來使用的餘數。知道對方的弱點，是我之所以為強的本原。了解對方的動態，是由於我方的冷靜才能看透。官吏分為文職和武職，這是君主稱王必須做的兩項劃分。

俎豆❶同制，天子之會❷也。遊說❸間諜無自入❹，正議❺之術也。

諸侯有謹❻天子之禮❼，君民繼世❽，承王❾之命也。更號易常❿，違王明德⓫，故禮得以伐也。

【章　旨】諸侯國的君主要遵從天子的命令。

【注　釋】❶俎豆　俎，是方形器，豆，是圓形器，都是古代盛食物的用具。這裡用作祭具。❷會　聚集。❸遊說　戰國時一種外交、政治活動的方式。運用口才向君主推銷自己的策略和主張，也是有才能的人求取功名的途徑之一。這裡指進行遊說的人。❹無自入　指找不到可以從哪裡進入的門徑。❺正議　端正議論。❻謹　謹慎地遵守。❼禮　指禮法、禮制。❽君民繼世　君民，在民眾之上為君。繼世，指一代接一代。❾王　指周天子。❿更號易常　號，名號。常，指常規。戰國時不少國家不請示周天子擅自改變封號，自己稱王。⓫明德　著名的德行。明，表尊敬。

【語　譯】祭祀的用具應有共同的規格，這是天子在聚集諸侯。遊說和間諜找不到可以進入的門徑，這是端正議論的方法。諸侯必須遵奉周天子的禮法，統治民眾以及君位繼承，都必須得到周天子的任命。如果擅自改動封號變換常規，從而違背了周天子的恩德，那麼，按照禮法就可以討伐了！

官無事治，上無慶賞，民無訟獄❶，國無商賈❷，何王之至！明舉上達，在王垂聽也。

【章旨】指出理想的政治是實現太平盛世，同時表示出尉繚盼望採納的急切心情。

【注釋】❶訟獄　泛指案件。訟，指爭訟。獄，指案件。❷商賈　古有行商坐賈之別。此泛稱商人。

【語譯】官吏沒有事情需要治理了，領導也沒有事情需要慶賀賞賜了，民眾不發生訴訟案件了，國家沒有商人了，這是多麼美好的理想政治局面啊！我明明白白地把見解列舉出來並向上稟告，就在於君主能夠採納了！

治本第十一

【題解】本篇提出治理國家的根本大計是發展生產、勵行節儉，所以擺在明確官僚體制之後。其主要內容有：一、治國根本在於務使民眾專心於男耕女織經濟的發展。二、反對奢侈。三、要使民眾沒有私心貪欲，反對橫徵暴斂。四、治好國家在於君主自己探索，在三級治國層次中，最低是不妨礙民時，不損害民財。內中有三點很值得注意：一、治國大計在於發展生產，並使民眾溫飽而有儲蓄的為民思想。二、關於蠻橫來自「一夫」的思想，這和孟子把紂王不認為是君王而叫作「獨夫」的觀點相通。尉繚主張貴為君王也必須約束自己的言行。三、關於「求己」自為的觀點，主張古代無可效法，這與法家不法古而重今的思想相通。

凡治人者何？曰：非五穀❶無以❷充腹，非絲麻無以蓋形，故充腹有粒❸，蓋形有縷❹。夫在芸耨❺，妻在機杼❻，民無二事❼，則有儲蓄❽。

【章旨】治民的根本是務使民眾專心於發展男耕女織的經濟。本章說「民無二事，則有儲蓄」，正是〈原官〉所說「審開塞，守一道，為政之要也」原理的運用。

【注釋】❶五穀　一般指黍、稷、菽、麥、稻，多用來統稱糧食。❷無以　即沒有什麼東西或拿不出東西。❸粒　米粒。此代表糧食。❹縷　絲線；麻線。此代表織物。❺芸耨　意為田間除草。此代表耕作。芸，通「耘」。❻機杼　織機和梭子。此代表紡織。❼二事　不只致力於一種工作。❽儲蓄　儲存。

【語譯】治理民眾有哪些事情呢？回答道：除了五穀就沒有別的東西可以填飽肚子，除了絲、麻織物就沒有別的東西可以遮蓋身體，所以，填飽肚子需要有糧食，遮蓋身體需要有織物。丈夫在田間耕作，妻子在家裡紡織，只要使民眾除此以外不去做別的事情，那就會有儲存了。

夫無雕文刻鏤❶之事，女無繡飾纂組❷之事。木器液❸，金器腥❹，聖人飲於土❺，食於土，故埏埴❻以為器，天下無費。今也❼，金木之性不寒❽，而衣繡飾❾；牛馬之性食草飲水，而給菽粟，是治失其本也，而宜設之制❿也。春夏夫出於南畝⓫，秋冬女練於布帛⓬，則民不困⓭。今裋褐⓮不蔽形，糟糠不充腹，失其治也。古者土無肥墝⓯，人無勤惰，古人何得而今人何失邪？耕有不終畝⓰，織有日斷機，而奈何寒飢？蓋⓱古治之行⓲，今治之止也。

【章　旨】通過古今對照，以古治今不治的事實，說明發展生產反對奢侈的重要性。本章反映了戰國時代統治者追求工藝品的奢華享受造成了民生的困苦。

【注　釋】❶雕文刻鏤　都是工藝勞動。雕，通「彫」。指彫花。文，指圖繪。刻，指刻花。鏤，指鏤空。❷繡飾纂組　都是工藝勞動。繡，指刺繡。飾，是裝飾。纂，指編織。組，指織帶。❸液　潮濕和滲漏。❹腥　沾染血腥味。❺飲於土　用土製的器皿作飲具。❻埏埴　埏，製陶器的模型，此用作按模型製作陶器。「埴」即陶土，是用作製陶器的黏土。❼今也　今啊。「也」強調「今」。❽不寒　不怕寒；不覺得寒。❾衣繡飾　罩上錦繡的裝飾。❿設之制　為這些行為作一些約束。⓫南畝　即農田。由於南方向陽，農田多南向的緣故。⓬練於布帛　意為致力於布帛的練煮。練，一種把絲麻織物經過蒸煮而變成潔白柔軟的加工方法。布，指麻布。帛，指絲織品。⓭困　困乏；困窮。⓮裋褐　粗麻布做成的短衣。是古代貧賤者所穿的服裝。⓯肥墝　肥沃和貧瘠。⓰不終畝　沒有耕作完的農田。⓱蓋　表示推測原因。其實作者內心是認定的。⓲行　施行；推行。

【語　譯】男子不從事雕花、圖繪、刻花和鏤空等工藝勞動，婦女不從事刺繡、裝飾、編織和結帶等工藝勞動。木製器具潮濕而又滲漏，金屬器具留有血腥氣味，上古聖明的君王用土製器皿飲水，用土製器皿食用，所以，把陶土製作成為陶器，天下就不會再有浪費了。如今啊！金木製品的本性不怕寒冷，卻要罩上錦繡的裝飾；牛馬的本性是吃草和喝水，卻把豆、粟用來作飼料，這是治民失去了根本，理應對這些行為加以約束制止啊！春季和夏季，男子到外面田間耕作，秋季和冬季，婦女致力於絲麻織物的練治，這樣一來，民眾生活就不會困乏。如今連粗麻布做的短衣也遮不住身體，糟渣和糠也填不飽肚子，是因為失去了正確的治理啊！古時候，土地沒有肥沃與貧瘠的區分都加以耕種，人也沒有勤勞與懶惰的不同都努力勞動，古人為什麼能夠做到而現在人為什麼做不到呢？耕種中有不完全耕種的農田，紡織中有每天都要停頓的織機，怎麼能不受飢寒呢？這是由於在古代正確的治理得到實行，在今天正確的治理被廢止的緣故吧！

夫謂治者，使民無私也。民無私則天下為一家，而無私耕私織，共寒其寒❶，共飢其飢❷。故如有子十人，不加一飯；有子一人，不損一飯，焉❸有喧呼❹酖酒❺以敗❻善類❼乎？民相輕佻❽，則欲心興、爭奪之患起矣！橫生於一夫❾，則民私飯有儲食，私用有儲財。民一犯禁，而拘以刑治，烏❿在其為人上⓫也？善政執其制，使民無私，為下不敢私，則無為非者矣！反⓬本緣⓭理，出乎一道⓮，則欲心去⓯，爭奪止，囹圄空，野充粟多，安民懷遠，外無天下之難⓰，內無暴亂之事，治之至也。

【章旨】治民不要有私心，做到天下一家，才能從根本上消除爭奪和暴亂，國君不能橫徵暴斂。

【注釋】❶寒其寒　前一「寒」是動詞，意為挨凍。❷飢其飢　前一「飢」是動詞，受飢。後一「飢」是名詞。❸焉　哪裡。❹喧呼　即叫嚷吵鬧。❺酖酒　即沈迷於飲酒。酗酒。❻敗　指敗壞。❼善類　指善良的民眾。❽輕佻　輕薄。❾一夫　指殘暴的君主。這是由於眾叛親離的緣故。❿烏　哪裡。⓫人上　指君主。⓬反　通「返」。返回。⓭緣　指依照。⓮一道　同一出路。⓯去　消除。⓰難　軍事入侵。

【語譯】叫做治理民眾，就要使民眾沒有私欲。民眾如果沒有了私欲，那麼，天下就為一個大家庭，從而不會有私耕私織，而是寒冷的話就一起挨凍，飢餓的話一起受飢。所以，如果有子女十個，不會為他增加一頓飯；如果子女只有一個，也不會給他減少一頓飯，哪裡會有大叫大喊酗酒鬧事從而敗壞善良民眾的事情呢？民眾相互輕薄，就會引起貪欲膨脹，互相爭奪的事件也就不斷爆發了！由於暴君的橫徵暴斂，人民就不能不私藏糧食，私藏用品財物。民眾一旦違反了禁令，就按照刑律加以拘捕進行懲治，哪有這樣做民眾之上的君主的呢？良好的政治是執行已定的制度，使民眾沒有私欲，作為社會低層的廣大民眾不敢有私欲，那麼，就沒有做壞事的人了！返回到治理的根本和依據無私的道理，統一到只有一條出路，那麼貪心必定消除，爭奪必定停止，監獄必定空虛，田野充滿耕作的人們，生產的粟自然多了，安定了民眾，遠方的人也受感召，外沒有外國來軍事入侵，內沒有暴動作亂的事件，這才是治民的最高境界。

蒼蒼❶者天，莫知其極❷，帝王之君❸，誰為法則❹？往世不可及，來世不可待，求己者也。所謂天子者四焉：一曰神明❺，二曰垂光❻，三曰洪敘❼，四曰無敵，此天子之事也。野物❽不為犧牲❾，雜學不為通儒❿。今說者曰：「百里之海不能飲一夫⓫，三尺之泉足止三軍渴。」臣謂欲生於無度，邪生於無禁。太上⓬神化⓭，其次因物⓮，其下在於無奪民時、無損民財。夫禁必以武而成，賞必以文而成。

【章　旨】治民的方法不必慕古而在於自己探索。天子的特質有四條，治民的層次分三級，總之，要兼用文、武兩手。

【注　釋】❶蒼　青色。❷極　終點；盡頭。❸帝王之君　三王五帝等成為後代典範的君王。❹法則　即榜樣。❺神明　神一樣的明察。❻垂光　光輝普照。意為皇恩普施。❼洪敘　洪，即「大」。敘，指論功行賞。❽野物　野生的物產。❾犧牲　指用牛、羊、豬做的祭品。此表示高貴。❿通儒　知識廣博又能融會貫通的學者。⓫飲一夫　夠一夫飲用。⓬太上　最上、最佳。⓭神化　指以精神感化。⓮因物　憑藉事物變化而因勢利導。

【語　譯】藍藍的天空，沒有誰知道它的盡頭，那些稱帝稱王的君主，哪個可以做學習的榜樣呢？過去的時代不可能追趕，未來的時代不可能等到，應當依靠自己的努力。天子所以稱作天子是因為具備四項特質：一是像神一樣明察一切，二是光輝降臨到每個地方，三是大力論功行賞，四是無敵於天下，這些都是天子所做的事情。野生的物產是不能登上大雅之堂做祭品的，駁雜的知識雖多也算不上知識廣博又能融會貫通的學者。現在遊說的人說：「百里寬的大海還不夠一個男子漢飲用，而三尺寬的泉水足夠大部隊解渴。」我認為它說明了貪欲來源於沒有節制，奸邪來源於沒有禁止。最上等的辦法是用精神去感化，次一等的辦法是憑藉事物變化而因勢利導，最下等的辦法也在於不要占用農時，不要損耗民眾財產。禁惡必須依靠武力才能成功，賞善必須通過文德才能成功。

戰權第十二

【題　解】「戰權」指在實際交戰中的權變謀略。本篇闡明的內容有：一、必須先發制人。二、兵力部署做到虛實難測。三、善於分析敵我情況，不能一意輕進。四、掌握部隊，戰術運用要聯繫戰略決策。

兵法曰：「千人而成權，萬人而成武❶。」權先加人者，敵不力交；武先加人者，敵無威接。故兵貴先，勝於此，則勝於彼矣❷！弗勝於此，則弗勝於彼矣！凡我往，則彼來；彼來，則我往，相為勝敗，此戰之理然❸也。

【章　旨】戰爭是敵我雙方你來我往的爭鬥，作戰應當先發制人。

【注　釋】❶千人而成權二句　權，權謀。武，指威勢。「成權」與「成武」互文見義，即千人成權也包含成武，萬人成武也包含成權。❷勝於此則勝於彼矣　這方面占了優勢，也就可以戰勝敵人了。此，指「兵貴先」。彼，指敵人。❸理然　道理是這樣。

【語　譯】兵法說過：「千人可以有運用權謀的條件，萬人可以有運用威勢的條件。」權謀搶先施加於敵人，敵人不敢拿實力來交戰；威勢搶先施加於敵人，敵人就沒有威勢來接戰。所以，軍隊以先發制人為貴，在這方面取得了勝利，也就等於戰勝敵人了；在這方面不能取得勝利，也就等於不能戰勝敵人了！總是我軍前往，敵軍就過來；敵軍過來，我軍就前往，不是勝利就是失敗，作戰的規律就是這樣的啊！

夫精誠❶在乎神明，戰權在乎道❷之所極。有者無之❸，無者有之❹，安所❺信之？

【章　旨】作戰的權變取決於明瞭敵情和依據作戰原則。

【注　釋】❶精誠　決心。❷道　指作戰原則。如不宜一味輕進等。❸無之　使它成為沒有。❹有之　使它成為有。❺安所　何所；怎麼能夠。

【語　譯】真心堅誠來自對情況的明察，作戰的權變來自作戰原則的指導，有的偽裝成沒有，沒有的偽裝成有，敵人又怎麼能確定我方的情況呢？

先王之所傳聞者，任正去詐，存其慈順❶，決無留刑❷。故知道者，必先圖不知止之敗❸，惡❹在乎必往有功？輕進而求戰，敵復圖止❺，我往而敵制勝也。故兵法曰：「求而從之，見而加之，主人❻不敢當而陵❼之，必喪其權。」凡奪者無氣❽，恐者不可守，敗者無人，兵無道也。意往而不疑，則從之；奪敵而無前❾，則加之；明視而高居，則威之，兵道極矣！

【章旨】作戰原則有：一、不一意輕進求戰，二、判斷敵情採取合適的戰法。

【注釋】❶任正去詐二句　使用正道，排斥詐術，心存仁慈和順。這是古代的義戰思想，可以參看《司馬法·仁本》。尉繚子在〈兵令上〉也說：「兵者，凶器也，爭者逆德也，事必有本，故王者伐暴亂，本仁義焉。」說明了尉繚子論兵的一個思想背景。❷決無留刑　決定懲罰不守法紀的諸侯就立即用兵。決，決定。留，延滯。古代兵刑合一，所謂「大刑用甲兵」。這裡的刑是指出兵處罰抗命的諸侯。❸不知止之敗　不懂得停止進攻所遭受的失敗。❹惡　疑問代詞。哪裡。❺復圖止　復，即「又」。圖，圖謀；籌劃。止，停止。❻主人　指被攻擊的一方。發動攻擊的一方為客。❼陵　通「淩」。欺淩。❽奪者無氣　遭受挫敗的軍隊沒有昂揚的士氣。❾奪敵而無前　被敵人挫敗而不敢向前的軍隊。

【語譯】傳說先王（的用兵之道），是使用堂堂的正兵，摒斥詭詐的小陰謀，對於所伐國家的人民同樣心存仁愛和順，但是應當出兵懲處不法時也不猶豫拖延。所以掌握作戰原則的將帥，必定預先考慮不知休止地進攻所造成的失敗，哪裡有只要前進就必定立功的事呢？輕率地進擊並且一意求戰，而敵人又設計停頓下來以逸待勞，那麼，我軍如果繼續前往，敵人就掌握了勝算。所以，兵法說：「尋求敵人並且追蹤他，發現敵人於是攻擊他，敵人不敢抵擋而輕敵冒進，必定會喪失作戰的機動權。」凡是遭受挫敗的軍隊沒有昂揚的士氣，軍心恐慌的軍隊不可能進行有效的防守，打敗仗的軍隊沒有掌握作戰原則的人材，都由於用兵沒有依據作戰原則啊！如果敵軍一意退兵而不猶豫，那就追擊他；如果敵軍士氣已瓦解而不敢向前，那就攻擊他；如果敵軍仔細探視並且駐紮高山，那就威脅他，作戰原則全在這裡了！

其言無謹，偷❶矣；其陵犯❷無節❸，破矣❹；水潰雷擊，三軍亂矣！必安其危，去其患，以智決之。高之❺以廊廟之論❻，重之❼以受命之論❽，銳之❾以踰垠之論❿，則敵國可不戰而服。

【章旨】必須約束自己的部隊，使它有強的戰鬥力，同時，要把作戰原則的運用配合戰略決策，形成不戰而勝的軍事優勢。

【注釋】❶偷　輕佻；輕薄。❷陵犯　即「淩犯」。欺淩侵犯。❸節　指節制、制裁。❹破矣　破散了。❺高之　把它提高。❻廊廟之論　指靠朝廷正確的戰略決策取勝的理論。❼重之　重視它。❽受命之論　指慎重選將帥、隆重任命將帥和信任尊重將帥的理論。❾銳之　使它勇猛不可擋。❿踰垠之論　指敢於跨越國境作戰的理論。

【語譯】如果言語不謹慎，那麼軍隊就輕薄不穩重了！如果欺凌侵犯而沒有制裁，那麼軍隊就鬆散了！如果遇上河水決堤雷電轟擊，那麼軍隊就亂了！將帥必定要設法使危險情況安定下來，消除那些禍害，運用智慧作出決斷。如果能夠用「廊廟之論」來提高他們，用「受命之論」來尊重並重用他們，用「踰垠之論」增強他們的銳氣，那麼，敵對的國家就可以不用打仗而向我軍屈服。

重刑令第十三

【題　解】尉繚為軍隊管理制訂出一系列條令，成為他的一大特色，這是他重視制度建設的法治觀念的體現。本篇是第一種條令，主要內容有：一、軍官在戰場上違反紀律應處以重刑。二、違反紀律所指有作戰時敗逃、防守時投敵和棄軍逃跑三種。三、軍官違反紀律判刑分二級：即率軍千人以上的高級軍官和率軍千人以下到百人以上的中級軍官，官越高刑越重。四、重刑是軍隊奮勇作戰的必要手段。他在〈攻權〉寫道「夫民無兩畏也，畏我侮敵，畏敵侮我。」

將自千人以上❶，有戰而北❷，守而降，離地逃眾❸，命曰國賊。身戮家殘❹，去其籍❺，發其墳墓❻，暴❼其骨於市❽，男女公於官❾。自百人已❿上，有戰而北，守而降，離地逃眾，命曰軍賊。身死家殘，男女公於官。

【章　旨】關於高級軍官和中級軍官違反戰場紀律的懲辦條令。

【注　釋】❶將自千人以上　將領凡是率兵一千人以上的。❷戰而北　作戰時敗逃。北，通「敗」。❸離地逃

眾 離開自己的陣地逃離自己率領的士兵。❹身戮家殘 戮，陳屍示眾。家殘，抄沒家產。❺去其籍 削去他的戶籍。古代政府以各種登記制度管理並掌握人民，去其籍，便難以在國內立足。❻發其墳墓 發掘他祖宗的墳墓。❼暴 暴露；拋棄。❽市 指集市。❾男女公於官 男女人口收入官府作奴婢。❿已 通「以」。

【語 譯】率兵一千人以上的將領，有作戰時敗逃、防守時投敵、擅離陣地棄軍逃跑的，都判為國賊。處以陳屍示眾，抄沒家產，削除他的戶籍，發掘他的祖墳，並且把骨頭暴露在鬧市上，一家男女收入官府作奴婢。率兵百人以上的，有作戰時敗逃、防守時投敵、擅離陣地棄軍逃跑的，處以斬首並抄沒家產，一家男女收入官府作奴婢。

使民內畏重刑，則外輕敵。故先王明制度❶於前，重威刑❷於後。刑重則內畏，內畏則外堅矣！

【章 旨】說明實行重罰的目的和依據。

【注 釋】❶明制度 明，申明。制度，指刑令。即關於懲罰的條規。❷重威刑 重，強調；加強。威刑，指嚴刑、重刑。

【語 譯】使民眾能夠對內害怕重刑，那麼對外就敢於蔑視敵人。所以，以前的君王總是先申明懲辦條規，而後重用刑罰的威力懲治。用刑從重就對內害怕，對內害怕就對外堅強了！

伍制令第十四

【題解】「伍制令」即以「伍」為基層單位的軍隊組織編制條令。其主要內容有：一、士兵以五人編為一「伍」，向上有什、屬、閭各級編制單位，每一級都實行聯保連坐。二、軍官以上下級系統實行聯保連坐。因此，尉繚制訂的伍制令，其特點在於縱橫交錯的聯保連坐，把軍隊組織得像一張細密的網，觸及任何一處，都會牽動全身。

軍中之制：五人為伍❶，伍相保❷也；十人為什，什相保也；五十人為屬，屬相保也；百人為閭，閭相保也。伍有干令犯禁❸者，揭之❹，免於罪；知而弗揭，全伍有誅❺。什有干令犯禁者，揭之，免於罪；知而弗揭，全什有誅。屬有干令犯禁者，揭之，免於罪；知而弗揭，全屬有誅。閭有干令犯禁者，揭之，免於罪；知而弗揭，全閭有誅。

【章旨】士兵按照組織編制，實行橫向聯保連坐。

【注釋】❶伍　軍隊基層組織單位，每伍有五個士兵，設一名伍長。此後「什」、「屬」、「閭」都是一級組織編制單位的名稱。❷相保　相互保證。❸干令犯禁　觸犯條令違反禁規。干，觸犯。❹揭之　揭發它；舉報它。❺誅　懲辦。

【語譯】軍隊裡的組織編制：五名士兵編成一「伍」，伍內成員互相保證；十名士兵編成一「什」，什內成員互相保證；五十名士兵編成一「屬」，屬內成員互相保證；一百名士兵編成一「閭」，閭內成員互相保證。伍內有成員觸犯條令違反禁規的話，如果把它舉報出來，可以免罪；如果明明知道而不舉報，全伍成員都受懲辦。什內有成員觸犯條令違反禁規的話，如果把它舉報出來，可以免罪；如果明明知道而不舉報，全什成員都受懲辦。屬內有成員觸犯條令違反禁規的話，如果把它舉報出來，可以免罪；如果明明知道而不舉報，全屬成員都受懲辦。閭內有成員觸犯條令違反禁規的話，如果把它舉報出來，可以免罪；如果明明知道而不舉報，全閭成員都受懲辦。

吏自什長❶已上，至左、右將❷，上下皆相保也。有干令犯禁者，揭之，免於罪；知而弗揭，皆與同罪。

【章旨】軍官上到左、右將，實行縱向聯保連坐。

【注釋】❶什長　「什」的長官。即十名士兵的負責人。❷左右將　當時一些諸侯國把軍隊分成左、中、右三軍。分設左軍主將、右軍主將和中軍主將。中軍主將是三軍統帥。

【語譯】軍官從什長以上到左軍主將和右軍主將，上下級之間互相保證。內中有軍官觸犯條令違反禁規的話，如果把它舉報出來，可以免罪；如果明明知道而不舉報，全都與他受到同樣的懲辦。

夫什伍相結，上下相聯，無有不得之姦❶，無有不揭之罪。父不得以私其子❷，兄不得以私其弟，而況國人聚舍同食❸，烏❹能以干令相私者哉？

【章　旨】這種縱橫交錯的聯保連坐，足能保證軍紀嚴明，使軍隊無漏洞可鑽。

【注　釋】❶姦　通「奸」。奸詐。❷父不得以私其子　「以」下省略「干令」二字，見後「烏能以干令相私」句。私，即包庇、庇護。❸國人聚舍同食　同國的人吃住在一起，指關係不及父子兄弟親密的人。❹烏　哪裡。

【語　譯】什和伍相互連結，上、下級相互聯保，就不會有不被查獲的奸詐行為，就不會有不被舉報的罪惡。父親不能夠包庇觸犯條令的兒子，兄長不能夠包庇觸犯條令的弟弟，更何況只是國內各地的人聚居在一起共同吃飯而已，哪敢觸犯條令來相互包庇呢？

分塞令第十五

【題解】「分塞」即劃分營地，「分塞令」指關於軍隊駐地內劃分營地管制交通的條令。其主要內容有：一、以「伯」為基本單位劃定營地，各級編制各有營地，負責自己營地的交通管制。二、全軍駐地的公共交通管理則統一部署，按規定憑證件通行。三、違反交通管理必定懲辦。

中軍、左、右、前、後軍❶皆有分地❷，方❸之以行垣❹，而無❺通其交往。將❻有分地，帥❼有分地，伯❽有分地，皆營其溝洫❾，而明❿其塞令⓫；使非百人⓬無得通，非百人而入者，伯誅之；伯不誅，與之同罪。

【章旨】軍隊駐地以伯為基本單位劃分防區，各級編制單位各有防區，負責本防區的交通戒嚴。

【注釋】❶中軍左右前後軍　分為五軍是軍隊駐地上的部署，與一般左、中、右三將指軍隊編制者不相同。「中軍」單獨點出，表示主帥所在。❷分地　指劃分定的防區。❸方　圍繞。❹行垣　指臨時構築的圍牆或籬笆。❺無　通「毋」。不讓。❻將　指軍將。如左軍主將和右軍主將。❼帥　率領一千士兵的軍官。字又作

「率」。❽伯　率領一百士兵的軍官。❾營其溝洫　此指營地四周的起防護作用的河渠。營，營造。溝洫，指水渠。❿明　指申明、宣布。⓫塞令　即戒嚴條令。⓬百人　指本伯的人。百，即「伯」。

【語　譯】中軍以及左軍、右軍、前軍、後軍都有各自劃定的營地，周圍構築了防護牆，不准許擅自通行來往。將有自己負責的營地，帥有自己負責的營地，伯有自己負責的營地，他們都在營地四周修築了保護河溝，申明自己營地的戒嚴規定，做到不是本伯的人不准許通行，如果不是本伯的人進入營地，伯長要懲罰他；如果伯長不懲罰他的話，就與他受到同樣的懲罰。

軍中縱橫之道，百有二十步❶而立一府柱❷，量人與地，柱道相望，禁行清道❸。非將吏之符節❹不得通行；采❺薪芻牧❻者皆成行伍❼，不成行伍者不得通行。吏屬無節、士無伍者，橫門❽誅之。踰分❾干地❿者誅之。故內無干令犯禁，則外無不獲之姦。

【章　旨】全軍營地的公共交通的管制，統一部署，制定通行辦法和懲罰辦法。

【注　釋】❶百有二十步　即一百二十步。有，表示零數。❷府柱　指木柱支撐的觀察哨。❸清道　清除路障。❹符節　通行憑證。也單稱「節」。❺采　同「採」。❻芻牧　即放牧。❼行伍　指隊列編組。❽橫門　即營門。此指營門警衛人員。❾踰分　指越出自己的營地。分，分地。❿干地　指侵犯他人的營地。干，觸犯。

【語　譯】在全軍駐地的縱橫大道上，每隔一百二十步設置一個木柱崗哨，按照人員和土地的數量，布置哨位和道路，使他們能夠互相看清，以便負責禁止通行和清除路障。如果不持有軍官發給的憑證就不准許通行；砍伐放牧的民眾必須排成隊列才准許通行，如果不排成隊列不准許通行。軍官的屬員不持有憑證的、士兵不以伍為單位者，營門警衛負責懲罰他們。如果超越自己的營地而侵犯他人營地的，也要懲辦。這樣做了，在軍隊內部不會有觸犯條令違反禁規，而在軍隊外部也不會有不能查獲的奸細。

卷四

束伍令第十六

【題解】「束伍令」係以伍為基本單位對作戰結果進行賞罰的條令。「束」即約束。主要內容有：一、關於以伍為基本單位的對作戰結果賞罰的規定。分三種情況作三種處理，一者是得失相當，不賞不罰；二者是得大於失或有得無失，給與獎賞；三者是失大於得或只失無得，給與重罰。二、關於實行懲罰權限的具體規定。

束伍之令曰：五人為伍，共一符❶，收於將吏之所。亡伍❷而得伍❸，當❹之；得伍而不亡❺，有賞；亡伍不得伍，身死家殘❻。亡長而得長❼，當之；得長不亡❽，有賞；亡長不得長，身死家殘；復戰得首長❾，除之。亡將得將，當之；得將不亡，有賞；亡將不得將，坐❿離地遁逃之法⓫。

【章　旨】關於以伍為基本單位對作戰結果實行賞罰的具體規定。

【注　釋】❶符　指伍符，即記載同伍五人的名籍。戚繼光《練兵實紀・練伍法》中說：「選騎兵，預日先將部下官生，夙守軍令，習知束伍之教者，各分執事，填於白牌或紙上，其填營伍次第者為一號牌，填年貌籍貫者為二號牌，填疤記武藝者為三號牌，總填隊伍姓名者為四號牌，抄隊伍清冊者即隨之為五號牌。每一牌用桌一張，縛豎一號，即守主將之傍。」伍符的作用與此應相差不多，不過較為簡略，大致上應是竹木所製。❷亡伍　傷亡一個「伍」。❸得伍　指俘獲一個「伍」。❹當　相抵；相等。❺不亡　沒有傷亡一個「伍」。❻身死家殘　判處「身死家殘」之罪。家殘，指抄沒家產。❼長　軍官。指自伍長至卒長的軍官。❽不亡　沒有傷亡軍官。❾首長　即長。首，亦「長」。❿坐　按照。⓫離地遁逃之法　即〈重刑令〉中的離地逃眾之法。其懲罰是「身戮家殘，去其籍，發其墳墓，暴其骨於市，男女公於官」，是很重的刑。遁，意同「逃」。法，指律條。

【語　譯】約束軍隊的條令規定：五名士兵編為一「伍」，名籍登記在同一枚符牌上，符牌收存在所屬軍官那裡。作戰中，傷亡一個編制「伍」，但是也斬獲一個編制「伍」，賞罰相抵銷；斬獲一個編制「伍」卻沒有傷亡一個編制「伍」，有獎賞；傷亡一個編制「伍」卻沒有斬獲一個編制「伍」，處以處死抄沒家產的罪。長官有傷亡，但是也斬獲了長官，賞罰相抵銷；斬獲長官卻沒有傷亡長官，有獎賞；傷亡長官又沒有斬獲長官，判以處死抄沒家產的罪，如果重新作戰能夠斬獲長官，可以除去已判的罪。傷亡將領，但是，也斬獲了將領，賞罰相抵銷；斬獲將領卻沒有傷亡將領，有獎賞；傷亡將領又沒有斬獲將領，按照擅離陣地逃跑的法律條例治罪。

戰誅之法❶曰：什長得誅❷十人，伯長得誅什長，千人之將得誅百人之長❸，萬人之將得誅千人之將，左、右將軍得誅萬人之將，大將軍❹無不誅。

【章　旨】關於軍隊中執行懲辦的權限的具體規定，總原則是：官有權罰兵，上級有權罰下級，一級罰一級。

【注　釋】❶戰誅之法　關於作戰執行懲罰的辦法。❷得誅　有權懲罰。❸百人之長　即伯長。❹大將軍　全軍統帥。

【語　譯】關於作戰執行懲罰的辦法規定：什長有權懲罰所屬的十名士兵，伯長有權懲罰什長，率領一千士兵的將領有權懲罰伯長，率領萬名士兵的將領有權懲罰率領千名士兵的將領，左軍主將和右軍主將有權懲罰率領萬名士兵的將領，全軍統帥沒有不可以懲罰的人。

經卒令第十七

【題　解】「經卒」即士兵編隊，「經卒令」係關於戰鬥隊形的編組及其所用標誌的條令。其主要內容有：一、全軍分左、中、右三部分，其標誌的顏色各不相同。二、士兵組成五五方塊，每行五人，共五行，各行標誌的顏色各不相同。三、由五個方塊組成更大的編隊，每一方塊放置標誌的身上部位各不相同。四、關於作戰中隊形變動的賞罰辦法。

經卒❶者，以經令❷分之❸為三分❹焉：左軍蒼❺旗，卒戴蒼羽；右軍白旗，卒戴白羽；中軍黃旗，卒戴黃羽。卒有五章❻：前一行蒼章，次二行赤章，次三行黃章，次四行白章，次五行黑章，次以❼經卒，亡章者有誅。前一五行置章於首，次二五行置章於項，次三五行置章於胸，次四五行置章於腹，次五五行置章於腰。

【章　旨】關於作戰隊形編組及其標誌的具體規定。

【注釋】❶經卒　編組士兵的作戰隊形。❷經令　關於編組作戰隊形的條令。❸之　指全部作戰部隊。❹三分　即三部分。❺蒼　青色。這裡左、右、中三軍的用色符合五行說中方位與五色配合的觀念。左軍即東方木（古代方位坐北朝南，故以東方為左），其色青；右軍即西方金，其色白；中軍為中央土，其色黃。這也就是《禮記・曲禮》中所說的「左青龍而右白虎」。❻五章　五種顏色的徽章或標誌。這兒蒼、赤、黃、白、黑的排列，符合木、火、土、金、水五行相生的次序。❼次以　以次。按照這一次序。

【語譯】編組士兵的作戰隊形，要依照關於編組作戰隊形的條令分參戰部隊為三部分：左面部隊用青色旗，士兵頭戴青色羽毛；右面部隊用白色旗，士兵頭戴白色羽毛；居中部隊用黃色旗，士兵頭戴黃色羽毛。士兵共佩帶五種顏色的徽章：前面第一行帶青色徽章，第二行帶紅色徽章，第三行帶黃色徽章，第四行帶白色徽章，第五行帶黑色徽章，依照這一次序編組士兵，丟失徽章的士兵要受懲罰。在前面的第一個五行把徽章佩在頭上，第二個五行把徽章佩在頭頸，第三個五行把徽章佩在胸膛，第四個五行把徽章佩在肚腹，第五個五行把徽章佩在腰間。

如此，卒無非其吏❶，吏無非其卒。見非❷而不詰❸，見亂而不禁，其罪如之。鼓行交鬥，則前行❹進為犯難❺，後行❻退為辱眾，踰五行而前者有賞，踰五行而後者有誅，所以❼知進退先後吏卒之功也。故曰：「鼓之，前如雷霆，動如風雨，莫敢當其前，莫敢躡❽其後。」言有經也。

【章　旨】關於違反編隊要懲罰和作戰時改變編隊的賞懲的具體規定。

【注　釋】❶卒無非其吏　士兵不會脫離他的直屬軍官。非，指違離。❷非　不是。此指「非其吏」和「非其卒」。即行伍失去次序、脫隊的人。❸詰　指盤問。❹前行　超越前面的行列。❺犯難　指敢於冒險。❻後行　掉在後面行列之後。❼所以　用來作……的辦法。❽躡　緊追。

【語　譯】這樣做了，在士兵方面不會（在戰陣中）脫離他們的軍官，在軍官方面不會找不到所屬的士兵。發現次序錯亂的人卻不盤問，發現混亂卻不加以制止，二者的罰罪與那些亂了秩序的人相同。鼓令已經施行，格鬥已經開始，那麼，向前超越行列前進叫做犯難，向後落在行列後面退縮叫做辱眾，超越五行前進殺敵的有獎賞，落後五行退縮的要懲辦，這就是用來了解軍官和士兵前進、後退和先後次序的功勞的方法。所以說：「擊鼓發令，向前進像雷鳴電閃，行動像暴風急雨，沒有誰敢擋在他的前面，也沒有誰敢緊追在他的後面。」這說明軍隊有了關於作戰編隊的規定和賞罰辦法啊！

勒卒令第十八

【題　解】「勒卒」即控制並指揮軍隊，尉繚制訂了關於軍隊指揮信號及教習的條令。主要內容有：一、關於指揮信號的具體規定。二、關於教習軍隊掌握指揮信號的規定和達到目標。三、預先確定作戰方案。

金❶、鼓、鈴、旗四者各有法❷。鼓之，則進；重鼓❸，則擊。金之，則止；重金，則退；鈴，傳令也。旗，麾❹之左，則左；麾之右，則右。奇兵❺則反是❻。一鼓一擊而左，一鼓一擊而右。一步一鼓，步鼓❼也；十步一擊，趨鼓❽也；音不絕，騖鼓❾也。商❿，將鼓也；角⓫，帥鼓也⓬；小鼓，伯⓭鼓也。三鼓同，則將、帥、伯其心一也。奇兵則反是。鼓失次者有誅，諠譁者有誅，不聽金、鼓、鈴、旗而動者有誅。

【章　旨】關於作戰指揮信號的具體規定和不聽從指揮信號的懲罰條例。

【注釋】❶金 古代一般用鐸、鉦作軍事指揮的號令工具。❷法 即法規。❸重鼓 二遍擊鼓。❹麾 通「揮」。揮動。❺奇兵 古代作戰兵分奇正，奇兵指配合正面作戰的大部隊（即正兵）而執行攔截、奇襲的部隊。❻是 指這樣。❼步鼓 行步前進的鼓令。❽趨鼓 跑步急進的鼓令。❾騖鼓 飛速奔進的鼓令。騖，飛奔。❿商 古代用五音階，分為叫宮、商、角、徵、羽。商音急疾。⓫角 角音圓長。⓬帥 指千兵之長。⓭伯 指百兵之長。

【語譯】金、鼓、鈴和旗四種傳令工具各自有使用規則。擊鼓就表示前進，二遍擊鼓就表示出擊。鳴金就表示停止前進，二遍鳴金就表示撤退。鈴是用來傳達命令的。旗是指揮方向的，揮向左邊，就表示向左；揮向右邊，就表示向右。奇兵的指揮信號恰好與上述相反。有時候，一次擊鼓指揮一部分部隊向左出擊，一次擊鼓指揮一部分部隊向右出擊。鼓一聲走一步，是行步前進的鼓令；鼓一聲走十步，是跑步急進的鼓令；鼓聲連續不停，是飛速奔進的鼓令。商音，是主將的鼓令；角音，是帥的鼓令；小鼓是伯的鼓令。如果三種鼓令完全相同，那麼，就表明主將、帥和伯三級軍官的指揮心意完全一致了。奇兵的指揮信號恰好同上述相反。發出的鼓令不合規則的話要懲辦，大聲吵鬧妨害行令的話要懲辦，不聽從金、鼓、鈴、旗的指揮信號而擅自行動的話要懲辦。

百人而教戰❶，教成，合之千人❷；千人教成，合之萬人；萬人教成，會之於三軍❸。三軍之眾有分有合，為大戰之法，教成，試之以閱❹。方❺亦勝，圓亦勝，錯邪亦勝❻，臨險❼亦勝。敵在山，緣而從之；敵在淵，沒而從之，求敵如求亡子❽，從之無疑，故能敗敵而制其命。

【章　旨】教習指揮信號以百名士兵為一基本單位，逐級擴大到全軍，最後要經過考核。使軍隊達到一致得如同一人，無論遇到何種情況都敢戰敢勝的目標。

【注　釋】❶百人而教戰　以百人為教習的基本單位。教戰，指教習士兵掌握作戰的指揮信號。❷合之千人　把教會的百人又匯合到以千人為單位進行教習。❸三軍　全軍。❹閱　閱兵。❺方　方陣。❻錯邪亦勝　〈兵談〉有：「兵之所及，羊腸亦勝，鋸齒亦勝；緣山亦勝，入谷亦勝；方亦勝，圓亦勝。」與此處語句相似，其中「鋸齒亦勝」與「錯邪亦勝」相當。邪，通「斜」。交錯複雜的地形。❼險　指山形艱險。❽亡子　逃失的兒子。

【語　譯】以百人為基本單位教習作戰指揮信號，教成了，把他們匯合到以千人為單位的教習中去；千人為單位教成了，把他們匯合到萬人為單位的教習中去；萬人為單位教習成了，把他們會集到全軍。全軍官兵有分有合，是大規模戰鬥的戰法，教習成功了，用閱兵的方式考核他們。這樣訓練有素的軍隊，遇到方陣能夠獲勝，遇到圓陣能夠獲勝，遇到交錯複雜的地形能夠獲勝，面臨艱險的地區能夠獲勝；敵人如果在山上，就攀山去追擊他，敵人如果在水裡，就沒水去追擊他，尋求敵人如同尋求逃失的兒子，追尋他毫不猶豫，所以，能夠打敗敵人並且控制他的命運。

夫蚤❶決先定，若計不先定，慮不蚤決，則進退無度，疑生必敗。故正兵貴先，奇兵貴後，或❷先或後，制敵者也。世將❸不知法者，專命❹而行，先擊而勇，無不敗者也。其舉有疑而不疑，其往有信而不信，其致有遲疾而不遲疾，是❺三者，戰之累也。

【章　旨】將帥對敵作戰，必須先期確定作戰方案。

【注　釋】❶蚤　通「早」。❷或　有的。❸世將　世俗的平庸將領。❹專命　固執自己的命令行事。❺是　這。

【語　譯】將帥指揮作戰理當先期定好決策，如果計策不先確定，謀慮不早下決斷，那麼連前進還是後退都難以確定，疑慮叢生必定導致失敗。所以，正兵貴在先發制人，而奇兵貴在後發制人，有的先發，有的後發，都是為了控制敵人的緣故啊！世俗的平庸將領不懂指揮作戰的法則，獨斷專行，一味率先出擊並且逞勇好鬥，是沒有不遭到失敗的啊！他們的舉動應該有疑問但是不加以懷疑，他們的前進應該堅信但是不相信，他們的到達應該有慢有快但是當快不快，當慢不慢，這三種毛病，是指揮作戰的累贅啊！

將令第十九

【題　解】本篇提出了關於任命主帥的具體規定，它包括兩方面內容：一方面是國君任命主帥的場合和宣布主帥的職權；另一方面是主帥到職時會見全軍時的必須遵守的紀律。從而，顯示出主帥的崇高威嚴。

將軍受命❶，君必先謀於廟❷，行令於廷❸。君身❹以斧鉞❺授將，曰：「左、右、中軍皆有分職❻，若踰分❼而上請❽者死。軍中無二令❾，二令者誅，留令❿者誅，失令⓫者誅。」

【章　旨】關於國君選帥的過程，命帥的場合和宣布主帥職權的規定。

【注　釋】❶將軍受命　將軍，此指主帥、主將，即全軍統帥。受命，接受任命。❷廟　宗廟，國君的祖廟。古代軍國大事先要稟告國君祖先的神靈。❸廷　朝廷，即國君召集群臣議事的大廳。❹身　親身。❺斧鉞　即鉞。是古代像斧的兵器，是生殺大權的象徵。❻分職　分內的職責。❼分　本分；本職。❽上請　指越級請示。❾軍中無二令　意謂軍中只能服從主帥的指令，不得違抗。❿留令　滯留命令。⓫失令　失誤命令；違反命令。

【語譯】主將接受任命，國君必定事先在宗廟議定人選，而後在朝廷裡頒布任命的命令。國君親自把代表權力的斧鉞授給主將，並宣布說：「左、右、中軍都分別有自己的職責，如果超越本職而直接向上請示的話處以死刑。軍隊裡只聽主帥的命令，違令的要懲辦，滯留命令的要懲辦，失誤命令的要懲辦。」

將軍告❶曰：「出國門❷之外，期❸日中，設營表❹，置轅門❺，期❻之。如過時，則坐法❼。」將軍入營，則閉門清道，有敢行者誅，有敢高言者誅，有敢不從令者誅。

【章旨】關於主將到職進入軍營所宣布命令的具體規定。

【注釋】❶告　宣告。❷國門　國都的城門。❸期　為期。❹營表　古代軍營中用來觀測日影的計時標竿。❺轅門　即軍營的大門。古代軍營以戰車環繞，在出入口豎起兩輛戰車，使它的車轅向上構成營門，所以，營門又叫轅門。❻期　等待。❼坐法　依照刑法治罪。

【語譯】主將接受任命，立即宣告：「出到國都城門的外面，以日中為期，在軍營門口設置觀測日影的計時標竿，等候大家。如果超過時間，那就依法治罪。」主將一進入軍營，立即關閉營門清除通道，有膽敢擅自通行的要懲辦，有膽敢高聲講話的要懲辦，有膽敢不服從命令的要懲辦。

踵軍令第二十

【題解】本篇所述是關於大軍出征部署先遣部隊、先鋒部隊、主力部隊和後衛部隊及其職責的條令。先遣部隊在文中叫興軍，先鋒部隊在文中叫踵軍，「踵」原意是腳跟，引申為跟著，由於跟在興軍之後為主力部隊先鋒故名。主力部隊在文中叫大軍，後衛部隊在文中叫分塞。本篇名為「踵軍令」，只是開頭先說踵軍，因而引為題名而已，並不能概括全文的內容。

所謂踵軍❶者，去❷大軍❸百里，期❹於會地❺，為三日熟食，前軍❻而行。為戰合之表❼，合表乃起，踵軍饗士❽，使為之戰勢❾，是謂趨戰者❿也。

【章旨】關於踵軍即先鋒部隊的職責的具體規定。

【注釋】❶踵軍　先鋒部隊。❷去　離開。❸大軍　指主力部隊。❹期　約定日期。❺會地　指會合地點。❻前軍　在主力部隊前方。❼戰合之表　表示交戰開始的信號。❽饗士　犒賞士兵。❾戰勢　前鋒。❿趨戰者　趕赴戰場的部隊。

【語　譯】稱為踵軍的部隊，離開主力部隊一百里，約定日期到達會合地點，做好夠吃三天的乾糧，在主力部隊的前方行進。事先約好表示交戰開始的信號，信號符合了立即發動，踵軍犒賞全體士兵，使他們成為主力部隊的前鋒，這就叫做趕赴戰場的部隊。

興軍❶者，前踵軍而行，合表乃起。去大軍一倍其道❷，去踵軍百里，期於會地，為六日熟食，使為戰備，分卒據要塞。戰勝則追北❸，按兵❹而趨之❺。踵軍遇有還者❻，誅之。所謂諸將之兵在四奇❼之內者，勝也。

【章　旨】關於興軍即先遣部隊的職責的具體規定。

【注　釋】❶興軍　指先遣部隊。❷一倍其道　一倍踵軍離開主力部隊的距離。即遠離主力部隊二百里。❸北　通「敗」。指敗兵。❹按兵　指主力部隊停止前進。❺趨之　指快速靠近主力部隊。❻還者　指興軍中逃回的人。❼四奇　四面都有奇兵。指興軍分卒據要塞。

【語　譯】稱為興軍的部隊，在踵軍的前方行進，信號符合了立即發動。它離開主力部隊比踵軍離開主力軍的路程多一倍，離開踵軍有一百里，約定日期到達會合地點，做好夠六天吃的乾糧，使士兵為交戰做準備，分派士兵占據要害地形。戰爭打勝就參加追擊敗逃的敵軍，主力部隊如果按兵不動，就迅速向它靠攏。踵軍碰上從興軍裡逃回來的人，就處死他。這就叫做各將軍率領的軍隊都在四方奇兵的守衛之內的話，戰爭必定獲勝了。

兵有什伍❶，有分有合，豫❷為之職❸，守要塞關梁❹而分居❺之，戰合表起，即皆會也。大軍❻為計日之食❼，起，戰具無不及也。令行而起，不如令者有誅。

【章旨】關於大軍即主力部隊的職責的具體規定。

【注釋】❶什伍　古代軍隊中兩級最基層的編制，五名士兵為伍，十名士兵為什。此泛指編制。❷豫　預先。❸為之職　即為他們確定職責。❹要塞關梁　要塞，指險要地點。關，指關卡。梁，指橋梁。❺分居　指分別駐紮。❻大軍　指主力部隊。❼計日之食　指計算日期所需要的食物。

【語譯】士兵有伍、什等編制，有分散又有聚集，預先規定好他們承擔的任務，守衛險要地點、關卡和橋梁並且分別駐紮在那裡。交戰的信號符合了立即發動，都聚會一起。主力部隊計算日期做好所需的乾糧，一到發動，作戰器具沒有不準備了的。命令一旦施行就要發動，不按照命令做的要懲辦。

凡稱分塞❶者，四境之內，當興軍踵軍既❷行，則四境之民無得行者❸。奉王之命、授持符節名為順職❹之吏，非順職之吏而行者，誅之。戰合表起，順職之吏乃行，用以相參❺。故欲戰先安內也。

【章旨】關於分塞即後衛部隊的職責的具體規定。

【注　釋】❶分塞　分別戒嚴的後衛部隊。❷既　已經。❸得行者　可以自由通行的人。❹順職　述職。此指傳達命令。❺參　參與、配合的意思。

【語　譯】凡是稱為分塞的部隊，四境之內，當先遣部隊和先鋒部隊已經出發，就實行戒嚴，使四境內的民眾沒有可以自由通行的人。拿著國王的命令並且持有授與通行憑證的人叫做傳達命令的官員，不是傳達命令的官員卻擅自通行的人，要懲辦他。交戰信號符合了立即發動，傳達命令的官員於是行動，使境內能與前線互相配合。所以，要想進行戰爭必須先要安定內部啊！

卷五

兵教上第二一

【題解】本篇講的是關於軍事教練的條令，分上下兩篇，上篇講關於軍事教練的具體規定。本篇的主要內容有：一、教練由本單位的長官擔任。二、教練和受教練者聯保連坐，教練效果與作戰表現相聯繫。三、具體教法以伍為基本單位，逐級擴大，終於全軍。四、嚴明賞罰。五、教令的重大意義，關係到戰爭勝敗和國家存亡。此章內容與上文〈伍制令〉、〈經卒令〉、〈勒卒令〉諸篇往往相通，可參看。

兵之教令❶：分營居陳❷，有非令而進退者，加犯教之罪。前行者，前行教之；後行者，後行教之；左行者，左行教之；右行者，右行教之。教舉❸五人，其甲首❹有賞；弗教，如犯教之罪。羅地❺者，自揭其伍❻，伍內互揭之，免其罪。

【章旨】違犯教令就是犯罪，軍事教練由本單位的長官負責。

【注釋】❶教令　關於軍事教練的條令。❷分營居陳　分別營壘據守在軍陣中。陳，通「陣」。❸舉　全部。❹甲首　春秋車戰時代，一車有三甲士，配數目不等的步卒，甲首即領導一車作戰的甲士，也是基層的下級軍官。戰國時代雖然車戰已非主要的作戰方式，但甲首的名稱仍然沿襲下來。此處的甲首應即相當於伍長，負責全伍的軍事教練。❺羅地　即倒地。羅，通「罹」。❻自揭其伍　自己交代出所屬的「伍」。

【語譯】軍隊的教練條令：分別營壘據守軍陣中，如果有不按照命令擅自前進和後退的人，處以違犯教練條令的罪。前面行列士兵，由前面行列負責教練；後面行列士兵，由後面行列負責教練；左面行列士兵，由左面行列負責教練；右面行列士兵，由右面行列負責教練。教好了全部五個人，那個伍長要給與獎賞；不進行教練的話，處以與違犯教練條令相同的罪。教練中跌倒在地上的人，能夠自己交代所屬的「伍」，伍內的人能夠互相作證，可以赦免他的罪。

凡伍臨陣，若一人有不進死於敵❶，則教者如犯法者之罪。凡什保什，若亡一人而九人不盡死於敵❷，則教者如犯法者之罪。自什以上，至於裨將❸，有不若法者，則教者如犯法者之罪。凡明刑罰，正勸❹賞，必在乎❺兵教之法。

【章　旨】從士兵到副將，如果有人不奮勇殺敵，各級負責教練的官吏相應給與一樣的懲罰。

【注　釋】❶進死於敵　進擊和死戰。❷盡死於敵　盡力並死戰。❸裨將　副將。❹勸　勉勵。❺乎　即「於」。

【語　譯】凡是一個編制伍投入戰鬥，如果內有一個人不向前進擊與敵人拼死作戰的話，那麼，負責教練的伍長就犯了與那個犯法士兵相同的罪。每個什自相聯保，如果戰死了一個人而其他九個人卻不盡力與敵人拼死作戰的話，那麼，負責教練的什長就犯了與那些犯法士兵相同的罪。從什往上，一直到了副將，如果有不按照教練條令作戰的，那麼，各級負責教訓的軍官就犯了與那些犯法士兵相同的罪。凡是要使刑罰嚴明、獎賞公正的話，必定在於實行軍事教練的法規。

將異其旗❶，卒異其章❷。左軍章❸左肩，右軍章右肩，中軍章胸前，書其章曰：某甲某士❹。前後章各五行❺，尊❻章置首上，其次差降之❼。

【章　旨】關於各軍識別標誌的具體規定。

【注　釋】❶將異其旗　不同將領用不同的旗。下文有：「自尉吏而下，盡有旗，戰勝得旗者，各視其所得之爵。」可見不同爵位的將領所用的旗不相同。❷卒異其章　〈經卒令〉說：「卒有五章：前一行蒼章，次二行赤章，次三行黃章，次四行白章，次五行黑章。」❸章　把章佩在。❹某甲某士　等於說某「伍」某人。❺前後章各五行　〈經卒令〉說：「前一五行置章於首，次二五行置章於項，次三五行置章於胸，次四五行置章於腹，次五五行置章於腰。」❻尊　這裡指最高的位置。❼其次差降之　依照它的次第逐步下降佩章的部位。其次，指依其次第。差降，指等差下降。之，指章。

【語譯】將領有各自不同的旗號，士兵有各自不同顏色的徽章。左軍士兵把徽章佩在左肩，右軍士兵把徽章佩在右肩，中軍士兵把徽章佩在胸前，在徽章上寫著某「伍」某人字樣。前後佩戴徽章各以五行為單位，徽章最高佩在頭上，然後依照它的次序逐步下降佩徽章的部位。

伍長教其四人❶，以板為鼓，以瓦為金，以竿為旗。擊鼓而進，低旗而趨❷，擊金而退，麾❸而左之❹，麾而右之，金鼓俱擊而坐❺。伍長教成，合之❻什長；什長教成，合之卒長；卒長教成❼，合之伯長；伯長教成，合之兵尉❽；兵尉教成，合之裨將；裨將教成，合之大將。大將教之，陳於中野，置大表❾三，百步而一❿。既陳，去表百步而決⓫，百步而趨，百步而鶩⓬，習戰以成其節⓭，乃為之賞罰。

【章　旨】關於全軍的教練以伍為基本單位，然後逐級擴大，最後全軍匯總並進行考核的具體規定。

【注　釋】❶教其四人　教練他所管領的四名士兵。❷趨　急走。❸麾　通「揮」。揮旗。❹左之　即命令他們向左。下「右之」句法相同。❺坐　坐地休息。❻合之　把教成的「伍」會合到。❼合之卒長卒長教成　此二句當與下文「合之伯長，伯長教成」互倒。卒長為千兵之長，而伯長為百兵之長。❽兵尉　卒長之上而在將領以下的軍官。❾大表　大標竿。❿百步而一　每隔百步立一根標竿。⓫決　決鬥。⓬騖　飛奔。⓭節　節制；調控。

【語　譯】伍長負責教練伍內其餘的四個兵，用木板代表鼓，用瓦器代表鉦鐸，用竹竿代表旗。擊響鼓就要前進，旗向下低就要急走，敲響鉦鐸就要後退，揮旗向左就要他們向左行動，揮旗向右就要他們向右行動，金鼓一齊敲響，就要他們坐下。伍長教好了，把他們匯合到什長那裡；什長教好了，把他們匯合到伯長那裡；伯長教好了，把他們匯合到卒長那裡；卒長教好了，把他們匯合到兵尉那裡；兵尉教好了，把他們匯合到副將那裡；副將教好了，把他們匯合到大將那裡。大將再對大家進行教練，全軍排列在廣大的原野上，地上樹起三支高大的標竿，每隔百步樹一支。隊伍排列好以後，在距離第一支標竿一百步的地方開始決鬥，在距離第二支標竿一百步的地方開始急走，在距離第三支標竿一百步的地方開始飛奔，通過演習作戰從而形成對全軍的有效節制，於是為演習進行獎賞和懲罰。

自尉吏而下❶盡有旗，戰勝得旗者各視所得之爵以明賞勸之心❷。戰勝在乎立威❸，立威在乎戮力❹，戮力在乎正罰❺。正罰者，所以明賞也。令民背國門之限❻，決生死之分，教之死❼而不疑者，有以❽也。

【章　旨】明賞罰是保證教令得到貫徹的有效辦法。

【注　釋】❶尉吏而下　兵尉以下。如卒長、伯長等。❷賞勸之心　得到獎賞鼓勵的心意。❸威　威望。❹戮力　盡力。❺正罰　使懲罰做到嚴正。❻限　門檻。❼教之死　叫他們去拼死作戰。❽有以　有緣由的。

【語　譯】從兵尉以下的各級軍官都有自己的旗幟，作戰得勝而奪得敵人旗幟的人各自看所得到的爵位從而明白有功必賞的心意。作戰取勝在於樹立威望，而樹立威望在於盡力同心，而盡力同心在於使懲罰嚴正。使懲罰嚴正，正是用來彰明獎賞的辦法。使民眾背離國門的界限，決定生或死的命運，使他們拼死作戰並且毫不猶豫，是有它的道理的啊！

令守者必固，戰者必鬥，姦❶謀不作❷，姦民不語，令行無變，兵行無猜❸，輕者若霆❹，奮敵若驚❺。舉功別❻德，明如白黑，令民從上令❼，如四肢應心也。前軍❽絕行亂陣❾、破堅如潰者，有以也。此之謂兵教，所以開封疆❿、守社稷⓫、除患害、成武德⓬也。

【章　旨】兵教能夠訓練出理想的軍隊，所以，它是關係戰爭勝敗和國家存亡的大事。

【注　釋】❶姦　通「奸」。奸詐。❷作　指發生。❸猜　猜疑。❹霆　雷。❺驚　受驚的馬。❻別　辨別。❼上令　上級的命令。❽前軍　前進的軍隊。❾絕行亂陣　指衝斷敵人的隊列打亂敵人的陣勢。〈制談〉作「陷行亂陣」，義同。❿開封疆　開，開闢；擴大。封疆，指領土。⓫社稷　社，指土神。稷，指穀神。後合用來代表國家政權。⓬武德　用武的德能。《左傳・宣公十二年》載楚莊王的話說：武有七種德能：禁暴、戢兵、保大、定功、安民、和眾、豐財。

【語　譯】能夠使守衛的人必定堅固，作戰者必定拼鬥，奸詐的陰謀不會發生、奸刁的人不敢亂說、命令施行不會走樣，部隊行動了沒有猜疑，輕裝前進好像雷霆，奮身殺敵好像驚馬。列舉功勞和辨別德行，像黑白一樣分明，使民眾服從上級的命令，如同四肢呼應心的指揮一樣。前進的軍隊衝垮敵軍的隊列、打亂敵軍的陣勢、攻破堅固的防守如同洪水決堤一樣，都是有道理的啊！這就叫它做兵教，它是用來開拓領土、守衛國家、消除禍害、實現各種軍事目的的必要工具。

兵教下第二二

【題解】〈兵教下〉著重敘述戰略，戰術的原則。主要內容有：一、能使軍威壓倒天下的十二條辦法，主要從軍隊組織、編隊、分工、標誌、指揮信號等方面著手。二、對軍隊建設的五個要求。三、用人要嚴格執行紀律。四、發動戰爭要充分而又準確地了解敵我兩國的國情。五、作戰中要及時而又準確地判斷敵軍的情況，採取合適的戰法。

臣聞人君有必勝之道，故能並兼廣大❶以一❷其制度，則威❸加天下有十二焉：一曰連刑，謂同罪保伍❹也；二曰地禁，謂禁止行道，以網❺外姦❻也；三曰全車，謂甲首❼相附，三五相同❽，以結其聯也；四曰開塞❾，謂分地以限，各死其職而堅守也；五曰分限，謂左右相禁，前後相待，垣車❿為固，以逆⓫以止⓬也；六曰號別，謂前列務進⓭以別其後者⓮，不得爭先登不次⓯也；七曰五章⓰，謂彰明行列，始卒不亂也；八曰全曲⑰，謂曲折相從，皆有分部也；九曰金鼓⑱，謂興有功，致有德也；十曰陳車⑲，謂接連前矛⑳，馬冒其目㉑也；十一曰死士㉒，謂眾軍之中有材智者，乘於戰車，前後縱橫，出奇㉓制敵也；十二曰力卒，謂經其全曲㉔，不麾不動也。此十二者教成，犯令不舍㉕。兵弱能強之㉖，主卑能尊之㉗，令弊能起之㉘，民流能親之㉙，人眾能治之，地大能守之，國車不出於閫㉚，組甲不出於櫜㉛，而威服天下矣。

【章　旨】國君要想利用軍隊統一天下，必須採用十二條關於部隊建設的重要措施。

【注　釋】❶並兼廣大　「並兼」與「廣大」同義，都是動詞。❷一　即統一。❸威　指威嚴；聲威。❹同罪保伍　即聯保連坐。〈伍制令〉說：「軍中之制：五人為伍，伍相保也。」指以「伍」為單位的逐級展開的橫向聯保和軍官以上下級展開的縱向聯保。❺網　控制。❻姦　通「奸」。❼甲首　車長。❽三五相同　指車上甲士和隨車步兵。一車有三甲士，而隨車步兵則以五人為伍編制，故以三、五分指甲士與步兵。❾開塞　這裡的開塞指劃分防區。與〈兵談〉、〈制談〉所說的「禁舍開塞」之道意義並不相同。❿垣車　用戰車圍成保護牆。⓫逆　抵禦。⓬止　指紮營。⓭務進　致力於前進。⓮後者　指後列。⓯不次　不依照隊列的先後次序。⓰五章　五種徽章標誌法，徽章有顏色和身上佩戴部位的區別，詳〈兵教上〉。⓱全曲　保持戰鬥隊形。⓲金鼓　代表指揮信號系統。⓳陳車　即聯車為車陣。陳，通「陣」。⓴接連前矛　指車與車聯結作戰，車距以矛的長度為準，以免露出為敵所乘的空隙。㉑馬冒其目　係遮住馬眼兩側，使馬不能旁視以減少驚駭。冒，指覆蓋、蒙住。㉒死士　相當於敢死隊的士兵。㉓奇　奇兵；特遣部隊。㉔經其全曲　負責維持全部戰鬥隊形。㉕舍通「捨」。㉖強之　使它強盛起來。㉗尊之　使他尊高起來。㉘起之　使它振作起來。㉙親之　使他們來親附。㉚閫　門檻。㉛橐　口袋。

【語　譯】我聽說過國君掌握了必勝的策略，所以能夠兼併各國從而使領土更加廣大，並且把它們的制度統一起來，那麼，能夠聲威壓倒天下各國的辦法有十二條：第一叫做「連刑」，就是說以伍為基本單位聯保，一人有罪，餘人同罪。第二叫做「地禁」，就是說實行交通管制，可以有效防止外來奸細。第三叫「全車」，就是說車長相互親近，車上甲士和隨車步兵合同，從而結成緊密的聯繫。第四叫「開塞」，就是說劃分防地，各自效死於自己的職責而堅定地守衛著。第五叫「分限」，就是說左右相互禁戒，前後相互照應，用戰車圍繞成為軍營的保護牆，既可以抵禦敵人的進攻，又可以安全駐紮。第六叫「號別」，就是說前面隊列士兵一意向前進擊，和後面隊列有所區別，不准許搶先登城而亂了前後的次序。第七叫「五章」，就是說把隊列次序標得鮮明，使士兵不會混亂。第八叫「全曲」，就是說緊隨陣勢曲折變化，保持各部分的戰鬥隊形。第九叫「金鼓」，就是說激勵殺敵立功，實現戰爭的目的。第十叫「陳車」，就是說戰車中在前面持矛的戰士互相連續，並把馬眼睛兩側遮住，不讓牠驚恐亂跑。第十一叫「死士」，就是說派大軍中有勇力有智慧的士兵乘坐戰車，前前後後縱向橫向地奔馳，成為奇兵去制服敵人。第十二叫「力卒」，就是說負責維持全軍的戰鬥隊形，令旗不揮動就不會擅自行動。這十二條辦法都教練成了，一旦違犯教令絕不寬貸，軍隊的戰鬥力弱的能夠使它強盛起來，國君聲望低的能夠使他尊高起來，法令廢弛的能夠使它健全起來，民眾流離無歸宿的能夠使他們歸附親近，人口眾多也能夠治理好，土地廣大也能夠守衛，國家的戰車不必駛出城門，編結的甲衣不必從布袋裡拿出來穿戴，卻已經能夠聲威征服整個天下了！

兵有五致❶：為將忘家❷，踰垠❸忘親❹，指敵❺忘身，必死❻則生，急勝❼為下。百人被❽刃，陷行亂陣；千人被刃，擒敵殺將；萬人被刃，橫行天下。

【章　旨】關於軍隊出征後的五點要求。

【注　釋】❶五致　即五點要求。致，指達到。❷為將忘家　〈武議〉說：「將受命之日忘其家，張軍宿野忘其親，援枹而鼓忘其身。」為將，指受任命作主將。❸踰垠　越境。❹親　古指父母。❺指敵　指點著敵人情況。也即指揮部隊殺敵。❻必死　必定死亡的境地。即兵法常說的置之死地而後生。❼急勝　急切求勝。❽被　舉起；持著。

【語　譯】軍隊建設有五點要求：任命為主將就要不再顧及家庭，越境就要不再顧及父母，指揮殺敵就要不再顧及自身，抱著必死的決心就能求取生存，急切尋求勝利是最差的策略。一百名士兵一齊戰鬥，就能衝垮敵軍的隊列打亂敵軍的陣勢；一千名士兵一齊戰鬥，就能擒獲敵人斬殺敵將；一萬名士兵一齊戰鬥，就能遍行天下。

武王❶問太公望❷曰：「吾欲少間❸而極❹用人之要❺。」望對曰：

「賞如山❻，罰如谿❼。太上❽無過，其次補過，使人無❾得私語❿。諸罰⓫而請⓬不罰者，死；諸賞而請不賞者，死。」

【章　旨】用人的要領是重賞嚴罰，講法而不講情。

【注　釋】❶武王　即周武王。周王朝的實際建立者，姓姬名發。❷太公望　即呂尚。又名姜子牙，是周武王與周滅商的主要輔佐。❸少間　短時間。❹極　即窮盡。❺要　指要領、要點。❻賞如山　獎賞如同高山一樣堅定。❼罰如谿　懲罰如同深谷一樣深刻。谿，指山谷。❽太上　最上等的。❾無　通「毋」。❿私語　指私下議論。⓫諸罰　各種應受懲罰。⓬請　指請求。

【語　譯】周武王問太公望說：「我想短時間就能夠窮盡用人的要領。」太公望回答說：「獎賞要如同高山一樣堅定，而懲罰要如同山谷一樣深刻。最上等是沒有過失，其次是能夠補救過失，總之使人們不得私下議論你的過失。各種受懲罰的人中如果有請求免罰的，要處死刑；各種受獎賞的人中如果有請求不要獎賞的，要處死刑。」

伐國必因❶其變❷，示之財❸以觀其窮，示之弊以觀其病❹，上乖者下離❺，若此之類，是伐之因也。

【章　旨】本章指出討伐他國，必順其內部的弱點所在。

【注釋】❶因 乘；利用。❷變 指國家變亂。❸示之財 向它展示財富。❹病 危機；患難。❺上乖者下離 上下之間背離不合。

【語譯】討伐一個國家必定要利用那個國家的變亂，利用財富引誘，去觀察它的貧窮程度，對它施加壓力，使它困窘，去觀察它的弊病所在，如果上下之間背離不合，那麼，像這種情況，正是進行討伐可以利用的條件。

凡興師必審❶內外之權❷，以計其去❸。兵有備闕❹，糧食有餘不足，校❺所出入之路，然後興師伐亂，必能入之。地大而城小者，必先收其地；城大而地窄者，必先攻其城；地廣而人寡者，則絕其阨❻；地窄而人眾者，則築大堙❼以臨之。無喪❽其❾利，無奪其時❿，寬其政⓫，夷⓬其業，救其弊，則足以施⓭天下。今戰國⓮相攻，大伐有德。自伍而兩⓯，自兩而師⓰，不一⓱其令，率⓲俾⓳民心不定，徒⓴尚㉑驕侈㉒，謀患辯訟㉓，吏究其事，累且敗也。日暮路遠，還㉔有剉氣㉕，師老㉖將貪，爭掠易敗。

【章　旨】出兵討伐要權衡兩國情況，根據敵國情況決定作戰方案，戰勝以後，要消除那個國家的暴政。指出當今各國卻與此相反。

【注釋】❶審 審察。❷權 指權衡、衡量。❸去 去向。❹闕 通「缺」。缺乏。❺校 考察；比較。❻阨 險要地點。❼大堙 為攻城堆築的土山。❽喪 喪失。❾其 指那個被討伐的國家。❿時 農時。⓫寬其政 使原先的政策寬鬆。⓬夷 安定。⓭施 施用於。⓮戰國 好戰的國家。⓯兩 五個伍為兩。軍中一級編制單位。⓰師 古代軍隊編制是，五人為伍，五伍為兩，四兩為卒，五卒為旅，五旅為師。師有二千五百人。⓱一 統一。⓲率 都。⓳俾 即使；造成。⓴徒 徒然；空自。㉑尚 指崇尚。㉒侈 指奢侈。㉓訟 訟案。㉔還 還師。㉕剉氣 指挫傷了的士氣。㉖師老 軍隊疲憊不堪。

【語 譯】凡是發動軍隊出征必定要仔細審察國內外情況的權衡，以便考慮軍隊的動向。軍事裝備有充分或缺乏，糧食儲備有多或不足，還要考察比較軍隊進出那個國家的通道，然後可以發動軍隊討伐混亂的國家，自然必定能夠攻下。如果對方是土地廣大但是城市很小的話，那就必定要先占領它的土地；如果對方是城市很大但是土地很窄小的話，那就必定要先攻占它的城市；如果對方是土地廣大但是人口稀少的話，那就必定先斷絕它的險要地點；如果對方是土地窄小但是人口眾多的話，那就必定先堆築起大土山以便居高臨下地攻城。占領敵國以後，不要喪失他們的利益，不要占用他們的農時，而要放寬他們的政策，安定他們的各行各業，補救他們的弊病，那麼，也就足夠用來施行到全天下了。現今好戰國家互相攻打，大肆侵略施行德政的國家。他們的軍隊從基層「伍」到「兩」，又從「兩」上到「師」一級，沒有統一的命令，完全使民眾心神不安寧，空自追求驕橫和奢侈，互相製造困難、爭辯甚至形成訟案，使官吏去追究這些事情，弄得既勞累又辦不成事。太陽落山了而且路途又遙遠，撤軍回國帶著受挫傷的士氣，軍隊疲憊不堪，將領貪得無厭，爭相搶掠，就很容易失敗了。

凡將輕❶、壘❷卑、眾動❸，可攻也；將重❹、壘高、眾懼，可圍也。凡圍，必開其小利，使漸夷弱❺，則節吝❻有不食者矣！眾夜擊者，驚也；眾避事者，離也，待人之救，期戰❼而蹙❽，皆心❾失而傷氣❿。傷氣敗軍⓫，曲謀⓬敗國。

【章　旨】觀察敵軍情況才能決定作戰的策略。

【注　釋】❶輕　輕浮。❷壘　指壁壘。❸動　指軍心動搖。❹重　穩重。❺夷弱　減弱；削弱。❻節吝　節省之極，以致到了吝嗇的程度。❼期戰　約定日期交戰。❽蹙　指侷促不安。❾心　信心。❿氣　指士氣。⓫敗軍　使軍敗。⓬曲謀　沒有完全把握只求僥倖的計謀。

【語　譯】凡是主將輕浮，壁壘低矮，軍心動搖的軍隊，就可以攻擊它；而主將穩重，壁壘高大，軍心驚恐的軍隊，就可以包圍它。凡是包圍，必定用小利誘示，使它的鬥志不斷削弱，不得不節省糧食到不吃的地步。士兵夜間互相攻擊的話，是軍隊驚慌的表現；眾人都推諉躲避辦事的話，是軍隊離心的表現；等待別人的救援和約定了交戰日期而又侷促不安，都是喪失信心而又損傷士氣的表現。損傷士氣導致軍隊潰敗，沒有充分把握只求僥倖得勝的計謀導致國家敗亡。

兵令上第二三

【題解】兵令講治理軍隊的條令，分上下篇。上篇著重講關於軍隊的總原則，主要內容有：一、軍隊是政治的重要手段。二、用兵要掌握文、武兩面並用。三、治軍有三原則：專一則勝，稱將於敵，安靜則治。四、作戰布兵有三原則：出卒陳兵有常令，行伍疏數有常法，先後之次有適宜。五、軍隊臨戰有三種形態：虛、實、祕。所講對以上諸篇具有總結性質。

兵者，凶器❶也；爭者，逆德❷心。事必有本❸，故王者❹伐暴亂，本仁義焉，戰國❺則以立威，抗敵，相圖❻而不能廢兵也。

【章旨】主張軍隊是討伐暴亂，推行仁義的工具，但是，當今好戰國家只用於互相爭奪。

【注釋】❶凶器　進行殺伐的工具。❷逆德　逆反的品德。❸本　依據。❹王者　指統一天下的君主。❺戰國　好戰的國家。❻相圖　指互相圖謀。

【語譯】軍隊這個東西，是進行殺伐的工具；爭奪這種行為，是逆反的品德。事情必定有它的根本，所以，統一天下的君王討伐暴亂，總是本著仁義來進行的啊！如今好戰的國家卻用它來樹立自己的聲威，抗擊敵人，互相圖謀，從而不能夠廢除軍隊啊！

兵者以武為植❶，以文為種❷，武為表，文為裡，能審此二者，知❸勝敗矣！文所以❹視利害、辨安危；武所以犯❺強敵、力❻攻守也。

【章旨】用兵要善於運用文、武兩面，文是謀略，武是力戰。

【注釋】❶植　植株。❷種　種子。❸知　預知。❹所以　用來……的手段。❺犯　衝擊。❻力　指盡力。

【語譯】用兵這一行為，應當把軍事力量作為植株，把政治策略作為種子，軍事力量作為外表，政治策略作為內裡，如果能夠看透這兩者互相配合的關係，那麼，就能預知勝利和失敗了！政治策略用來審察利和害、辨別安和危；軍事力量用來衝擊強大敵人，努力攻守。

專一則勝，離散則敗；陳以密則固❶，鋒❷以疏則達❸。卒畏將甚於敵者勝，卒畏敵甚於將者敗，所以知勝敗者，稱❹將於敵也，敵與將猶權衡❺焉。安靜則治，暴疾則亂。

【章旨】關於治軍三原則：一是用兵要專一，二是要卒畏將甚於敵，即主將享有絕對威信，三是指揮要沈著。

【注　釋】❶陳以密則固　軍陣必須嚴密才能牢固。❷鋒　前鋒。❸達　指通達。❹稱　稱量。❺權衡　權，秤錘。衡，秤桿。

【語　譯】軍隊的意志統一而且力量集中就能取勝，軍隊意志不一而且力量分散就遭到失敗，軍陣以嚴密才能牢固，前鋒以疏朗才能讓後續部隊行進通達。士兵畏懼主將超過畏懼敵人的軍隊必定勝利，士兵畏懼敵人超過畏懼主將的軍隊必定失敗，可以用來預知勝敗的手段，利用敵人來稱量主將，敵人與主將就好像秤錘和秤桿一樣啊！主將沈著穩重，部隊就治理得好，主將暴怒急躁，部隊就混亂不堪。

出卒陳兵有常令❶，行伍疏數有常法❷，先後之次有適宜。常令者，非追北❸襲邑❹攸❺用也。前後不次❻則失也，亂先後❼斬之。常陳❽皆向敵，有內向，有外向，有立陳，有坐陳。夫內向，所以❾顧中❿也；外向，所以備外也；立陳，所以行也；坐陳，所以止也。立坐之陳，相參⓫進止，將在其中。坐之兵⓬，劍、斧；立之兵，戟、弩⓭，將亦居中。善御敵者，正兵⓮先合⓯，而後扼⓰之，此必勝之術也。

【章　旨】關於作戰布兵三原則：一是出兵部署兵力有常令，二是隊列疏密有常法，三是先後次序要適宜。

【注釋】❶常令　常用的條令。❷常法　常用的法規。❸北　通「敗」。❹邑　指城邑。❺攸　相當於「所」。❻不次　不依照次序。❼亂先後　亂了先後次序。❽常陳　通常的軍陣。❾所以　用來。❿顧中　指維護中心。⓫相參　相參雜。⓬兵　兵器。⓭弩　一種有發射機械可以射得更遠的弓。⓮正兵　古代作戰，軍隊分正兵和奇兵。正兵指負責正面作戰的主力部隊。奇兵指特別派出的配合正兵作戰的部隊。⓯合　指交戰。⓰扼　扼殺。

【語　譯】出兵列陣有常用的條令，隊列疏密有常用的法規，先後的次序有適宜的安排。常用的條令，並不是追擊逃敵和襲擊城邑所使用的條令。前後不按照原定次序，就要沒有次序了，亂了先後次序的，把他處斬。一般的軍陣都朝向敵軍，有向內的、有向外的、有站立的軍陣，有坐著的軍陣。向內的軍陣，是用來維護中軍的；向外的軍陣，是用來防備外敵攻擊的；站立的軍陣，是用來行進的；坐著的軍陣，是用來駐守的。站立與坐著配合的軍陣，把行進與駐守密切配合，主將在軍陣的中心指揮。坐著的軍陣所用的兵器有劍和斧；站立的軍陣所用的兵器有戟和弩，主將也在軍陣中心指揮。善於抵禦敵軍的將帥，先用正面大部隊與敵軍交戰，然後出動奇兵襲擊，合力扼殺敵軍，這就是必定取勝的方法。

陳之斧鉞，飾之旗章；有功必賞，犯令必死；存亡生死，在枹❶之端。雖天下有善兵者，莫能御❷此矣！矢射未交，長刃❸未接，前譟❹者謂之虛❺，後譟者謂之實❻，不譟者謂之祕❼，虛、實、祕者，兵之體❽也。

【章　旨】軍隊如能集中統一指揮，就可以天下無敵。軍隊臨戰的狀態有三種。

【注釋】❶枹 同「桴」。鼓槌。❷御 通「禦」。抵抗。❸長刃 指長兵器。如矛、戟等。❹譟 叫喊。❺虛 指虛空。❻實 兵力充實。❼祕 隱祕。❽體 狀態。

【語譯】把象徵權力的斧鉞陳列起來，為部隊裝飾旗號和徽章；立功的必定獎賞，違犯軍令必定處死；生存還是滅亡，生還是死，都繫在主將的鼓槌頭上。雖然天下有善於用兵的人，也沒有誰能夠抵抗這支軍隊了！箭矢尚未互相對射，長兵器還沒有互相接觸，在這個時候，部隊前面部分叫喊的話就稱作虛張聲勢，後面部分叫喊的話就稱作力量充實，整個部隊一點不吵鬧的話就稱作隱藏實力，虛張聲勢、力量充實和隱藏實力是軍隊臨戰的態勢。

兵令下第二四

【題　解】〈兵令下〉敘述關於軍隊執行任務的紀律條令，主要內容有：一、前衛部隊的職責。二、關於守衛邊境戰士的紀律。三、關於戰場紀律的條令。四、關於軍隊空額的規定和兵的三勝之法。五、關於精兵減員的兵在精而不在多的思想。

諸去大軍為前禦之備者，邊縣列侯❶，各相去三五里，聞大軍，為前禦之備；戰則皆禁行，所以安內也。

【章　旨】擔任前鋒警衛部隊的職責。

【注　釋】❶邊縣列侯　邊縣指邊境的縣邑。侯，通「候」。列候，指邊境上用作守衛的土堡。

【語　譯】那些遠離主力部隊負責前方防禦的準備者，在邊境地區設置堡壘，彼此相距三至五里。聞知主力部隊出發了，就做好前方防禦的準備；交戰了就負責戒嚴，以便安定內部。

內卒出戍❶，令將、吏授旗、鼓、戈、甲❷。發日❸，後❹將吏及出縣封界❺者，以坐❻後戍法❼。兵戍邊一歲遂亡❽。不候代者，法比❾亡軍❿，父母妻子知之，與同罪；弗知，赦之。卒後將吏而至大將所一日，父母妻子盡同罪。卒逃歸至家一日，父母妻子弗捕執⓫及不言，亦同罪。

【章　旨】關於守邊士兵的紀律。

【注　釋】❶內卒出戍　內卒，指內地士兵。出戍，指出外防守邊境，到一定期間調回。❷甲　衣甲。戰鬥服裝。❸發日　出發之日。❹後　後於。❺縣封界　指縣界。❻坐　依照。❼後戍法　指懲辦遲到邊境守衛的法律。❽亡　逃亡。❾比　比照。❿亡軍　即逃兵。⓫執　捉拿。

【語　譯】內地的士兵出外守衛邊境，命令所屬軍官授與旗、鼓、戈和衣甲。出發那一天，如果比軍官後到以及晚出所屬縣界的話，將他按照「後戍法」治罪。士兵守衛邊境只一年時間就逃走了，而不等到代替的人來到的話，懲辦的法律比照逃兵。父母妻子知情不報的話，與他同罪；不知情的話，赦免他們。士兵比軍官到大將處晚了一天的話，父母妻子全都與他同罪。士兵逃回家裡一天，父母妻子不把他抓起來送官和不舉報的話，也與他同罪。

諸戰而亡❶其將吏者，及將吏棄卒獨北❷者，盡斬之。前吏棄其卒而北，後吏能斬之而奪❸其卒者，賞。軍無功者，戍三歲。三軍大戰，若大將死，而從吏五百人以上不能死敵者，斬；大將左右近卒❹在陣中者，皆斬；餘士卒❺有軍功者，奪❻一級，無軍功者，戍三歲。戰亡伍人❼，及伍人戰死不得其屍，同伍盡奪其功；得其屍，罪皆赦。

【章　旨】關於戰場紀律的具體規定。

【注　釋】❶亡　折損。❷獨北　獨自敗逃。❸奪　收編。❹近卒　身邊的士兵。❺餘士卒　其餘士兵。❻奪　削減。❼伍人　伍內的人。

【語　譯】那些在戰鬥中不顧長官，以致長官被俘或陣亡的士卒，以及長官拋棄士兵獨自敗逃的，全都斬首。前面的長官拋棄他的士兵而獨自敗逃，後面的長官能夠斬殺他並且收編他的士兵的話，給與獎賞。部隊沒有戰功的話，罰防守邊境三年。全軍投入大會戰，如果主將戰死，但是，屬下統領五百人以上的軍官不能戰死於敵人的，斬首；主將左右身邊士兵在軍陣中的，全要斬首；其餘士兵如果有軍功的，減一級，如果沒有軍功的，罰防守邊境三年。戰鬥中損失了同伍的人，以及同伍的人戰死以後沒有收回他的屍體，同伍的人全都削去他們的軍功；如果收回他的屍體，都免罪。

軍之利害❶，在國之名實❷。今名在官，而實在家，官不得其實，家不得其名。聚卒為軍，有空名而無實，外不足以禦敵，內不足以守國，此軍之所以不給❸，將之所以奪威❹也。臣以謂❺卒逃歸者，同舍伍人❻及吏罰入糧❼為饒❽，名為軍實❾。是有一軍之名，而有二實之出，國內空虛，自竭❿民歲⓫，曷以⓬免奔北⓭之禍乎？今以法止逃歸，禁亡軍，是兵之一勝也；什伍相聯，及戰鬥則卒吏相救，是兵之二勝也；將能立威，卒能節制，號令明信，攻守皆得，是兵之三勝也。

【章　旨】軍隊不能存在空額，也不能用交納糧食來填補空額，應該以法治兵。

【注　釋】❶利害　利和弊。❷名實　名額和實員。❸不給　不充足。❹奪威　指減了威望。❺以謂　以為。❻同舍伍人　同住的一伍的人。❼入糧　指交納糧食。❽饒　指收益。❾軍實　軍需物資。按宋本《尉繚子》，「卒逃歸者……名為軍實」一句的意思是說士兵逃亡，軍隊出現空額，於是處罰其同伍和主管軍官納糧，充作軍需物資的收入。但是臨沂銀雀山漢簡殘本《尉繚子》，此句作「……□吏以其糧為饒，而身實食於家。」意思是士兵逃亡後，軍官浮報中飽其軍糧。連接後文「一軍之名，而有二實之出」來看，臨沂簡本《尉繚子》應較合理，宋本可能有誤。此處譯文仍姑按宋本譯出。❿竭　竭盡。⓫民歲　指民眾的年收入。⓬曷以　即拿什麼。曷，相當於「何」。⓭奔北　即敗逃。

【語　譯】軍隊的利弊得失，取決於國家額定的名籍和輸送的實際兵員。現今名籍在軍隊，而人員在家中，軍隊中沒有實在的兵員，家中沒有登記的名籍。聚集士兵而成為軍隊，卻存有空的名籍而缺乏實在兵員，使軍隊對外不足以抵禦敵人，對內不足以守衛國家，這就是軍隊不充實和將帥減低威信的原因啊！我認為士兵逃回家，同住的同伍以及主管軍官被罰交納糧食充作收入，並把它叫作軍需物資。這就造成一支軍隊的名籍而有二份軍需物資的支出，從而使國家空虛，自己掏盡了民眾的一年收成，拿什麼去避免軍隊敗逃的慘禍呢？現今用法律來制止逃跑回家，禁止逃兵，這是治軍的一個勝利；什和伍互相聯保連坐，到了作戰，官兵就互相救援，這是治軍的第二個勝利；主將能夠樹立威嚴，士兵能夠聽從指揮，號令嚴明堅定，攻和守都能如意，這是治軍的第三個勝利。

臣聞古之善用兵者能殺❶士卒之半，其次殺其十三❷，其下殺其十一❸。能殺其半者，威加海內；殺十三者，力加諸侯❹；殺十一者，令行士卒❺。故曰：百萬之眾不用命❻，不如萬人之鬥也；萬人之鬥，不如百人之奮也。賞如日月，信❼如四時❽，令如斧鉞，制❾如干將❿，士卒不用命者，未之聞也。

【章　旨】善用兵的將帥兵在精而不在多。

【注　釋】❶殺　裁減。❷十三　指十分之三。❸十一　指十分之一。❹力加諸侯　實力壓倒諸侯。❺令行士卒　命令在士兵中得到順利施行。❻用命　聽從命令。❼信　信用；信譽。❽四時　即四季。像四季更迭那樣沒有誤差。❾制　指執行制度。❿干將　是傳說中古代最鋒利的寶劍之一。

【語　譯】我聽說古代的善於用兵的人，能夠裁減士兵的一半，其次能夠裁減十分之三，至少也能夠裁減十分之一。能夠裁減一半的人，威嚴遍及天下；能夠裁減十分之三的人，實力可以壓倒諸侯；能夠裁減十分之一的人，能夠使號令得到全軍士兵的貫徹執行。所以說：百萬大軍的眾多如果不聽從命令的話，還不如萬名士兵齊心戰鬥；萬名士兵的齊心戰鬥又不如百名士兵奮不顧身。獎賞像日月那樣明察，信用像四季的變化那麼毫爽不差，發令像刀斧那樣威嚴，法制像干將名劍那樣銳利，能夠做到這樣的話，還會有不聽從命令的士兵，沒有聽說過啊！

附錄

壹、銀雀山簡本《尉繚子》釋文

說明

山東臨沂銀雀山一號西漢墓所出土的竹簡中，有六篇與今本《尉繚子》大體上相合。雖然因為簡片殘損，文字並不能通讀，但是在瞭解古籍原貌與校正宋本缺失上，還是有很大的作用。這兒根據銀雀山漢墓竹簡整理小組所做的釋文，附上宋武經七書白文本相應的部分文字，以便利讀者相互參照。每支簡釋文下所附的簡號，是文物出版社《銀雀山漢墓竹簡》一書中所編的簡號。

簡文中不能辨認的字用□號代替，如果是因竹簡殘缺，則外加〔〕號以示區別，缺字超過五字或不能確定者，則用……號表示。

一　治□　宋本作〈兵談〉

609 〔□□□〕□墝而立邑建城，以城稱地，以地稱……稱也，故迺（退）可以守固，

宋本：量土地肥墝而立邑，建城稱地，以城稱人，以人稱粟，三相稱，則內可以固守，外可以戰勝。

610 〔□□□〕戰勝。戰勝於外，福產於內。……□□焚焚，產於無

宋本：戰勝於外，備主於內。治兵者，若祕於地，若邃於天，生於無。

611 ……大而不咷（窕），關之，細而不欬。行廣

宋本：故關之，大不窕，小不恢。下無「行廣」。

612 ……□故王者，民之歸之如流水，望

613 故曰明於〔□□□□□〕取天下若化。國貧者能富之，

614 ……時不應者能應之。土廣

宋本：民流者親之，地不任者任之。

615 〔□□□〕國不得毋富。民眾而制，則國不得毋治。夫治且富之國，車不發□，甲不出睪（櫜），威

宋本：夫土廣而任則國富，民眾而治則國治。富治者，民不發軔，車不暴出而威制天下。

616 ……天下。故兵勝於朝廷，勝於喪紀，勝於土功，勝於市井。睪（櫜）甲而勝，主勝也。陳而勝，主勝也。戰勝，臣

宋本：故曰：兵勝於朝廷。不暴甲而勝者，主勝也；陣而勝者，將勝也。

617 □也。戰再勝，當壹敗。十萬之師出，費日千金，□□□□□〔□□〕故百戰百勝，不善者善

618 ……善者善者也。故善者成其刑（形）而民……勝而止出

619 ……大矣，壹□而天下并。故患在百里之內者，不起一日之師。患在千里之內，不起一月之師。

宋本：兵起非可以忿也，見勝則興，不見勝則止。患在百里之內，不起一日之師，患在千里之內，不起一月之師，患在四海之內，不起一歲之師。

620 〔□□〕四海內者，不起一歲之師。戰勝其國，則攻其〔□□□□〕國，不攻其都。戰勝天下，

621 〔□□□□〕不勝天下，不攻其國。故名將而無家，絕苦（險）俞（逾）根（垠）而無主，左提鼓右慮（攄）枹

622 〔□〕生焉。故臨生不為死，臨死不為生。得帶甲十萬，□車千乘，兵絕苦（險）俞（逾）根（垠），不□

623 ……怒，精（清）不可事以財。將之自治兆兆

宋本：將者上不制於天，下不制於地，中不制於人。寬不可激而怒，清不可事以財。

624 ……耳之生悤（聰），目之生明。然使心狂

625 者誰也？難得之貨也。使耳聾者誰也？曰□……者誰也？曰□澤好色也。

626 ……耳聾……及者，羊腸亦勝，鋸齒亦勝，緣山入

627 溪亦勝，方亦勝，圓亦勝，遀（橢）亦勝。兵重者如山

宋本：兵之所及，羊腸亦勝，鋸齒亦勝，緣山亦勝，入谷亦勝，方亦勝，圓亦勝。

628 ……之麇（壓）人，如雲鯢（霓）復（覆）人。閉關辝（辭）交而廷中之故□

629 ……□□□□所加兵者，令聚者不得

宋本：重者如山如林，如江如河；輕者如炮如燔，如垣壓之，如雲覆之，令之聚不得以散，散不得以聚。

630 〔□□□□□〕聚；備（俛）者不得迎（仰），迎（仰）者不得備

（俛）；左者不〔□□□□□〕得左。知（智）士不給慮，甬（勇）士不

宋本：左不得以右，右不得以左。

631 ……□木，弩如羊角，民人無……□昌于于者勝成去。・治□

宋本：如總木，弩如羊角，人人無不騰陵張膽，絕乎疑慮，堂堂決而去。

632 ……□而行必廣其處

633 ……國可□也。無衝籠而攻，無……

634 ……□外不能成其勝。大兵無創，與鬼神

635 ……勝議也。故能戰勝

636 ……小魚（漁）魚（漁）淵而禽（擒）其魚，中魚（漁）魚（漁）國

而禽（擒）其士大夫，大魚（漁）魚（漁）天下而禽（擒）其萬國諸侯。
故大之注

637 ……塞邪而食□……

638 ……□食，發號出令，不□……

639 □□不殺殀（夭）台（胎），不膾不成之財（材）

640 ……□少而歸之……

641 ……日，不有虜將，必有□君。十日，不□□□□□……

642 ……地利，中失民請（情）。夫民饑者不得食，

643 〔寒〕者不得衣，勞者不得息，故舉兵而加

644 ……□之如春夏。所加兵者……

二 兵勸 宋本作〈攻權〉

645 〔□□〕□固，以槫（專）勝。力分者弱，心疑者北（背）。〔□□〕故進逌（退）不稾（豪），從適（敵）不禽（擒）。

宋本：兵以靜勝，國以專勝。力分者弱，心疑者背。夫力弱故進退不豪，縱敵不禽。

646 將吏士卒，童（動）靜如身。心疑必北（背）。是故□

宋本：將吏士卒，動靜一身，心既疑背，則計決而不動，動決而不禁。

647 ……無嘗試，發童（動）必蚤（早），敄凌而兵毋與戰矣。〔□□□〕心也。群下，支（肢）節也。其心童（動）

宋本：（將無修容，卒）無常試，發攻必衂，是謂疾陵之兵，無足與鬥。將帥者，心也。群下者，支節也。

648 ……心童（動）疑，支（肢）節也。……下不節童（動），唯（雖）勝為幸。不壹不

宋本：其心動以誠，則支節必力；其心動以疑，則支節必背。夫將不心制，卒不節動，雖勝幸勝也。

649 ……□敗，威立者勝。凡將死其道者

宋本：夫民無兩畏也，畏我侮敵，畏敵侮我。見侮者敗，立威者勝。凡將能其道者。

650 ……□□□威在志位，志位不代（忒），威乃

宋本：愛在下順，威在上立，愛故不二，威故不犯。

651 ……□愛者，將之成者也。是故兵不□□

宋本：故善將者，愛與威而已。戰不必勝，不可以言戰。

652 ……以名信，信在孱兆。是故眾聚不虛散，兵出不徒〔□□□□〕亡人，擊適（敵）若卜（赴）溺者。因險者

宋本：故眾已聚不虛散，兵已出不徒歸。求敵若求亡子，擊敵若救溺人。

653 毋（無）戰心，搕戰毋（無）勝兵，佻（挑）戰毋（無）全氣。凡俠（挾）議（義）〔□□□□〕□起；爭私結怨，貴以不得已。

宋本：凡挾義而戰者，貴從我起；爭私結怨，應不得已。

654 〔□□〕□起□適（敵）貴先。故事必當時，□必當〔□□□□〕於朝廷，勝於喪紀，勝於土功，

宋本：故爭必當待之，息必當待之。兵有勝於朝廷，有勝於原野，有勝於市井。

655 勝於市……□敗，曲勝者，其勝全，雖不曲勝，勝勸

宋本：門則失，幸以不敗，此不意彼驚懼而曲勝之也。曲勝言非全也。非全勝者無權名。

656 ……□□□以明吾勝也。兵勸

三

宋本為〈守權〉

657 ……仁（韌）矢盡於郭中

宋本：勁弩彊矢盡在郭中。

658 ……毀折入此，令客氣數什百倍，而主人氣不半□〔□□〕者傷守甚者也。然而世□

宋本：乃收窖廩，毀折而入保，令客氣十百倍，而主之氣不半焉。敵攻者傷之甚也。然而世將弗能知。

659 ……而守者不出，出者不守。守法：丈，□人守，□

宋本：守法：城一丈，十人守之，工食不與焉。出者不守，守者不出。

660 ……□一而當十，十而當百，百而當千萬。

宋本：一而當十，十而當百，百而當千，千而當萬。

661 ……城堅而厚，士民眾篡（選），薪食經

宋本：城堅而厚，士民備薪食。

662 〔□〕□勁矢仁（軔），矛戟〔□□□〕□策也。攻者〔□□□□〕萬之眾乃稱。其有必救之軍，則有必

宋本：弩堅矢彊，矛戟稱之，此守法也。攻者不下十餘萬之眾，其有必救之軍者，則有必守之城。

663 〔□□□□〕必救之□……遇（愚）夫僮婦無不敝城盡資

宋本：無必救之軍者，則無必守之城。若彼堅而救誠，則愚夫惷婦無不蔽城盡資血城者。

664 ……則固不尚。鼓其藁（豪）樂（傑）俊雄，堅甲利兵勁弩仁（軔）矢并於前，則幼□毀□并於後，五萬之

宋本：遂發其窖救撫，則亦不能止矣。必鼓其豪傑雄俊，堅甲利兵，勁弩彊矢并於前，么麼毀瘠者并於後，十萬之軍，頓於城下。

665 〔□□〕誠必救，關之其後，出要塞，擔擊其後。毋通其量（糧）食，

中外相應。……

宋本：救必開之，守必出之，出據要塞，但救其後。無絕其糧道，中外相應。

四

宋本為〈將理〉

666 ……矢射之弗及。罷囚之請（情），不待（待）陳水楚〔□□□〕請（情）可畢。其侍（待）佰（拍）人之北（背），炤（灼）人之

宋本：君子不救囚於五步之外，雖鉤矢射之弗追也。故善審囚之情，不待箠楚而囚之情可畢矣。笞人之背，灼人之脅，束人之指。

667 〔□□□□□〕以得囚請（情），則國士勝□，不宵（肖）自□。故今世千金不死，百金不胥靡。試聽臣之

宋本：而訊囚之情，雖國士有不勝其酷而自誣矣。今世諺云：「千金不死，百金不刑。」試聽臣之言。

668 ……知（智），不得關一言，〔□□□□□〕得用一朱（銖）。今夫轂

（繫）者，小圄不下十數，

宋本：雖有堯舜之智不能關一言，雖有萬金不能用一銖。今夫決獄，小圄不下十數。

669 〔□□□□〕百數，大圄不下千數。故一人

宋本：中圄不下百數，大圄不下千數。十人聯百人之事。

670 ……為不作。今夫轂（繫）者，大者父兄弟有在獄

宋本：所聯之者，親戚兄弟也。

671 ……離其㽉鄴（業），賈無不離其殔（肆）宅，士大夫無不離其官府。

〔□□〕□者，人之請（情）也。故兵策曰：「十萬之

宋本：是農無不離田業，賈無不離肆宅，士大夫無不離官府，如此關聯良民，皆囚之情也。兵法曰：「十萬之師出，日費千金。」

672 師出，費日千金。今申戍十萬之眾，封內與天……

宋本：今良民十萬而聯於囚圄，上不能省，臣以為危也。

五

宋本為〈原官〉

673 ……償尊參會，移民之具也。均地分，節傅（賦）斂，□

宋本：好善罰惡，正比法會，計民之具也。均井地，節賦斂，取與之度也。

674 ……□臣主根也。刑賞明省，畏誅重姦，止姦……原，正（政）事之均也。

宋本：明主守，等輕重，臣主之權也。明賞賚，嚴誅責，止姦之術也。審開塞，守一道，為政之要也。

675 ……王之二術也。相（俎）豆同利制天下。

宋本：官分文武，惟王之二術也。俎豆同制，天子之會也。

676 ……王者之德也。明禮常，覇（霸）者之

宋本：「君民繼世，承王之命也。更造易常，違王明德，故禮得以伐之也」，與簡文有異。

677 ……無事□，上無慶賞，民無獄訟，國無商賈，成王至正（政）也。服奉下迥，成王至德也。

宋本：官無事治，上無慶賞，民無獄訟，國無商賈，何王之至，明舉上達，在王垂聽也。

六 兵令

宋本為〈兵令上〉、〈兵令下〉

1098 兵令

1099 兵者凶器逆悳（德），爭者事之〔□□□□〕暴□□定仁義也；戰國所以立威侵適（敵），弱國之所不能發（廢）也。

宋本：兵者凶器也，爭者逆德也。事必有本，故王者伐暴亂，本仁義焉。戰國則以立威抗敵，相圖而不能廢兵也。

1100 也。兵者，以武為棟，以文為□；以武為表，以文……以文為內。

能審此三者，則知所以勝敗矣。

宋本：兵者以武為植，以文為種。武為表，文為裡，能審此二者，知勝敗矣。

1101 武者所以淩（凌）適（敵）分死生也，……危；武者所〔□□〕

宋本：文所以視利害、辨安危；武所以犯強敵，力攻守也。

1102 適（敵）也，文者所以守也。兵之用文武也，如鄉（響）之應聲，而□之隨身也。兵以專壹勝，以離散敗。⿰巾東（陳）以

宋本：專一則勝，離散則敗。

1103 數必固，以疏□□。將有威則生，失威則死，有威則勝，毋（無）威則敗。卒有將則⿰豆斤（鬥），毋（無）將則北。

宋本：陳以密則固，鋒以疏則達。

1104 ……賞罰之胃（謂）也。卒畏將于適（敵）者戰勝，卒畏適（敵）

于將者戰北。未戰所

宋本：卒畏將甚於敵者勝，卒畏敵甚於將者敗。

1105 以知勝敗，固稱將〔□〕適（敵），〔敵〕之與將猷（猶）權衡也。兵以安靜治，以暴疾亂。出卒帐（陳）兵，固有恆令，行伍

宋本：所以知勝敗者，稱將於敵也，敵與將猶權衡焉。安靜則治，暴疾則亂，出卒陳兵有常令。

1106 之疏數，固有恆法，先……適之恆令，非追北衲邑，先後□□

宋本：行伍疏數有常法，先後之次有適宜。常令者，非追北襲邑攸用也。前後不次則失。

1107 ……之恆令，前失後斬，兵之恆帐（陳），有鄉（向）適（敵）者，有內鄉（向）者，有立帐（陳）者，有坐帐（陳）

宋本：亂先後斬之。常陳皆向敵，有內向，有外向，有立陳，有坐陳。

1108 ……將與卒，非有父子之親，血□之樹（屬），六親之私也，然而見

適（敵）走之如歸，前唯（雖）有千仞（仞）之溪，折膭（脊）

1109 ……賞，後則見必死之刑。將前不能明其〔□□□□□〕

1110 其嚴，則敗軍死將禽（擒）卒也。□□……制，嚴刑罰□

1111 □賞，全功發（伐）之得，伸（陳）斧越（鉞），飭章旗，有功必□，犯令必死。及至兩適（敵）之相趉（距），行伸（陳）薄近，

宋本：陳之斧鉞，飾之旗章；有功必賞，犯令必死。

1112 ……有天下之善者，不能御大鼓之後矣。出卒伸（陳）兵，行伸（陳）

宋本：雖天下有善兵者，莫能禦此矣。

1113 視適（敵），章旗相望，矢弩未合，兵刃未接，先謞者虛，後謞胃（謂）之實，不謞胃（謂）之閉。〔閉〕實〔□□□〕

宋本：矢射未交，長刃未接，前譟者謂之虛，後譟者謂之實，不譟者謂之祕，虛實者兵之體也。

1114 也。諸縣去軍百里者，皆為守禦之備，如居邊之一城

宋本：諸去大軍為前禦之備者，邊縣列候，各相去三五里。

1115 ……也。有令起軍，將吏受鼓旗

宋本：聞大軍為前禦之備戰則皆禁行，所以安內也。內卒出戍，令將吏受旗鼓戈甲。

1116 ……後其將吏出于縣部界……□述（遂）亡不從其將吏，比于亡軍。父母

宋本：戈甲發日，後將吏及出縣封界者以坐後戍法。兵戍邊一歲遂亡。不候代者，法比亡軍，父母妻子知之，與同罪。

1117 ……後將吏至大將之所一日，□□□

宋本：卒後將吏而至大將所一日，父母妻子盡同罪。卒逃歸至家一日，父母妻子弗捕執及不言，亦同罪。

1118 ……吏戍一歲。戰而失其將吏，及將吏戰而死，卒獨北而環（還），其法當盡斬之。將吏將其卒北，

宋本：諸戰而亡其將吏者，及將吏棄卒獨北者，盡斬之。前吏棄其卒而北，

1119 斬其將□……□□□□三歲。軍大戰，大將死，□□五百以上不能死適（敵）者

宋本：前吏棄其卒而北，後吏能斬之而奪其卒者賞。軍無功者戍三歲。三軍大戰，若大將死而從吏五百人已上不能死敵者斬。

1120 皆當斬，及大將左右近卒在□□者皆當斬。……奪一功，其毋（無）〔□□□〕□三歲。

宋本：大將左右近卒在陳中者，皆斬。餘士卒有軍功者，奪一級，無軍功者，戍三歲。

1121 ……軍功者戍三歲，得其死（屍）罪赦。卒逃歸及……軍之傷□也，國之大費也。而

宋本：戰亡伍人及伍人戰死不得其屍，同伍盡奪其功，得其屍，罪皆赦。

1122 將不能禁止，此內自弱之道也。名在軍而實居于家，□□不得其實，

宋本：軍之利害，在國之名實，今名在官而實在家，官不得其實，家不得其名。

1123 ……□吏以其糧為饒，而身實食于家。有食一人軍之名，有二

宋本：臣以謂卒逃歸者，同舍伍人及吏罰入糧為饒，名為軍實，是有一軍之名而有二實之出。

1124 實之出，國內空虛盡渴（竭）而外為歲曷內北之數也。能止逃歸，禁亡軍，□兵之一勝也。使什

宋本：國內空虛，自竭民歲，曷以免奔北之禍乎？今以法止逃歸，禁亡軍，是兵之一勝也。

1125 伍相連也，明其

1126 ……令嚴信，功發（伐）之賞□□

宋本：什伍相聯，及戰鬥則卒吏相救，是兵之二勝也。將能立威，卒能節制，號令明信，攻守皆得，

是兵之三勝也。

1127 ……內，能殺其少半者力加諸侯，能殺其什一者〔□□〕□卒。臣聞百萬之眾而不戰，不如萬人之尸。萬人而

宋本：臣聞古之善用兵者，能殺卒之半，其次殺其十三，其下殺其十一。能殺其半者，威加海內；殺十三者力加諸侯；殺十一者令行士卒。故曰百萬之眾不用命，不如萬人之門也；萬人之門不如百人之奮也。

1128 不死，不如百人之鬼。〔□□□□□〕信比四時，令嚴如斧越（鉞），利如干漿（將），而士卒有不死

宋本：賞如日月，信如四時，令如斧鉞，制如干將，士卒不用命者。

1129 用者，未嘗之……

宋本：未之有也。

貳、《群書治要》本《尉繚子》

說明

《群書治要》是唐代魏徵等輯錄經、史、子書中有關治道部分所編成的一部書。原本有五十卷，唐後已亡佚，清乾隆年間再由日本重行傳入，鏤版行世。這部書當初編寫時，所採用的都是初唐所見的善本，和宋代以後的刊本多有不同。以銀雀山簡本《尉繚子》來說，有些文字在宋本中已經刪去，但在《群書治要》本中卻有相應的部分保留，說明了它在校勘上的價值，故特別收錄提供讀者對照參考。

天官

梁惠王問尉繚子曰：「吾聞黃帝有刑德，可以百戰百勝，其有之乎？」

尉繚曰：「不然。黃帝所謂刑德者，以刑伐之，以德守之，非世之所謂刑德也。世之所謂刑德者，天官時日陰陽向背者也。黃帝者，人事而已矣。何以言之？今有城於此，從其東西攻之，不能取。從其南北攻之，不能取。此四者豈不得順時乘利者哉？然不能取者何？城高池深，兵戰備具，謀而守之也。若乃城下、池淺、守弱，可取也。由是觀之，天官時日，不若人事也。」

故按刑德天官之陳曰：「背水陳者為絕地，向坂陳者為廢軍。」武王之伐紂也，背濟水，向山之阪。以萬二千人，擊紂之億有八萬人，斷紂頭懸之白旗。紂豈不得天官之陳哉？然不得勝者何？人事不得也。黃帝曰「先稽己智」者，謂之天官。以是觀之，人事而已矣。

兵談

王者民望之如日月，歸之如父母，歸之如流水。故曰，明乎禁舍開塞，其取天下若化。故曰，國貧者能富之，地不任者任之，四時不應者能應之。故夫土廣而任，則其國不得無富；民眾而制，則其國不得無治。且富治之國，兵不發刃，甲不出暴，而威服天下矣。故曰，兵勝於朝廷，勝於喪絕，勝於土功，勝於市井。暴甲而勝，將勝也。戰而勝，臣勝也。戰再勝，當一敗。十萬之師出，費日千金。故百戰百勝，非善之善者也；不戰而勝，善之善者也。

戰威

令所以一眾心也，不審所出則數變，數變則令雖出眾不信也。出令之法，雖有小過毋更，小疑毋申。事所以待眾力也，不審所動則數變，數變則事雖起，眾不安也。動事之法，雖有小過毋更，小難毋戚。故上無疑令，則眾不二聽，動無疑事，則眾不二志。古率民者，未有不能得其心而能得力者也，未有不能得其力而能致其死者也。故國必有禮信親愛之義，而後民以飢易飽；國必有孝慈廉恥之俗，而後民以死易生。故古率民者，必先禮信而後爵祿，先廉恥而後刑罰，先親愛而後託其身焉。

民死其上如其親，而後申之以制。古為戰者，必本氣以厲志，厲志以使四枝，四枝以使五兵。故志不厲則士不死節，士不死節，雖眾不武。厲士之道，民之所以生，不可不厚也。爵列之等，死喪之禮，民之所以營也，不可不顯也。必因民之所生以制之，因其所營以顯之，因其所歸以固之。田祿之實，飲食之糧，親戚同鄉，鄉里相勸，死喪相救，丘墓相從，民之所以歸，不可不速也。如此，故什伍如親戚，阡陌如朋友，故止如堵牆，動如風雨，車不結軌，士不旋踵，此本戰之道也。

地所以養民也，城所以守地也，戰所以守城也。故務耕者其民不飢，務守者其地不危，務戰者其城不圍。三者先王之本務也，而兵最急矣。故先王務尊於兵。尊於兵，其本有五：委積不多則事不行，賞祿不厚則民不勸，武士不選則士不強，備用不便則士橫，刑誅不必則士不畏。先王務此五者，故靜能守其所有，動能成其所欲。

王國富民，霸國富士，僅存之國富大夫，亡國富倉府。是謂上溢而下漏，故患無所救。故曰，舉賢用能，不時日而事利；明法審令，不卜筮而事吉；貴政養勞，不禱祠而得福。故曰，天時不如地利，地利不如人事。聖人所貴，人事而已矣。

勤勞之事，將必從己先。故暑不立蓋，寒不重裘。有登降之險，將必下步。軍井通而後飲，軍食熟而後食，壘成而後舍。軍不畢食，亦不火食，飢飽、勞逸、寒暑，必身度之。如此，則師雖久不老，雖老不弊。故軍無損卒，將無惰志。

兵令

兵者凶器也；戰者逆德也；爭者事之末也。王者所以伐暴亂而定仁義也。戰國所以立威侵敵也，弱國所以不能廢兵者。以武為植，以文為種；以武為表，以文為裡；以武為外，以文為內。能審此二者，知所以勝敗矣。武者所以凌敵、分死生也，文者所以視利害、觀安危；武者所以犯敵也，文者所以守之也。兵用文武也，如響之應聲也，如影之隨身也。

將有威則生，無威則死，有威則勝，無威則敗。卒有將則鬥，無將則北，有將則死，無將則辱。威者，賞罰之謂也。卒畏將甚於敵者，戰勝；卒畏敵甚於將者，戰北。夫戰而知所以勝敗者，固稱將於敵也。敵之與將也，猶權衡也。

將之於卒也，非有父母之惻，血膚之屬，六親之私，然而見敵走之如歸，前雖有千刃之谿，不測之淵，見入湯火如蹈者，前見全明之賞，後見必死之刑也。將之能制士卒，其在軍營之內，行陣之間，明慶賞，嚴刑罰，陳斧鉞，飾章旗，有功必賞，犯令必死。及至兩敵相至，行陣薄近，將提枹而鼓之，存亡生死，存枹之端矣。雖有天下善兵者，不能圖大鼓之後矣。

《群書治要·卷三七》

叁、《尉繚子》歷代題評選要

「今國被患者，以重寶出聘，以愛子出質，以地界出割，得天下助卒，名為十萬，其實不過數萬爾，兵來者，無不謂其將曰：無為天下先戰，其實不可得而戰也。」史稱吳起要在強兵，破遊說之言縱橫者。天下既亂，各有一種常勢，隨其所趨，無得自免。且三代諸侯既已吞并及六七，可謂至強，而縱橫之說方出而制其死命。如尉繚之流，所見與起略同。然孱王謬主終不能翻然改悔，而相隨以亡。

「凡兵不攻無過之城，不殺無罪之人。夫殺人之父兄，利人之貨財，臣妾人之子女，皆盜也。」《尉繚子》言兵，猶能立此論。《孫子》「得車十乘以上，賞其先得者，而更其旌旗，車雜而乘之，卒善而養之，是謂勝戰而益強。」區區乎計虜掠之多少，視尉繚此論，何其狹也。夫名為禁暴除患，而未嘗不以盜賊自居者，天下皆是也，何論兵法乎！

——（宋）葉適《習學記言・尉繚子》

《尉繚子》兵書。漢《藝文志》兵形勢《尉繚子》三十一篇，雜家《尉繚》二十九篇，六國時（人）。劉向《別錄》云：「繚為商君學。」《隋志》五卷，《唐》六卷。／晁氏《志》：「書論兵，主刑法。《漢志》二十九篇，今逸五篇，首篇稱梁惠王問，意者魏人歟？」其卒章有曰：「古之善用兵者，能殺卒之半，其次殺十三，其下殺其十一。能殺其半者威加海內，殺十三者力加諸侯，殺十一者令行士卒。」觀此則為術可知矣。張橫渠注《尉繚子》一卷。載早年喜談兵，後謁范文正公，愛其材，勸其學。此少作也。

——（宋）王應麟《玉海・兵法・卷一四〇》

尉繚子，齊人也。史不紀其傳，而其所著之書，乃有三代之遺風。其論天官也，則取於人事；其論戰威也，則取於道勝。生戰國之際，而不權譎之尚，亦深可取也。敘七書者，取而列於其中，不無意也。惜其不見之行事，而徒載之空言，豈其用兵非所長耶？遂以後世無以證其實云。

——（宋）施子美《施氏七書講義》

《周氏涉筆》曰：「《尉繚子》言兵，理法兼盡，然於諸令督責部伍刻矣。所以為善者，能分本末，別賓主，所謂『高之以廊廟之論，重之以受命之論，銳之以逾垠之論』……。其說雖未純王政，亦可謂窺本統矣。古者什伍為兵，有戰無敗，有死無逃。自春秋戰國來，長募既行，動輒驅數十萬人以赴一決，然後有逃亡不可禁。故《尉繚子・兵令》於誅逃尤詳。……《尉繚子》

亦云：『善用兵者，能殺卒之半，……。』筆之於書，以殺垂教，孫、吳卻未有是論也。」

——（元）馬端臨《文獻通考．經籍四八》

《尉繚子》五卷，不知何人書。或曰魏人，以〈天官〉篇有「梁惠王問」知之；或曰齊人也。未知孰是？其書二十四篇，較之《漢志》雜家二十九篇，已亡五篇。其論兵曰：「兵者，凶器也；爭者，逆德也；將者，死官也。故不得已而用之。」「無天於上，無地於下，無王於後，無敵於前。一人之兵，如狼如虎，如風如雨，如雷如霆。震震冥冥，天下皆驚。」由是觀之，其威烈可謂莫之嬰矣！及究其所以為用，則曰：「兵不攻無過之城，不殺無罪之人。夫殺人之父兄，利人之貨財，臣妾人之子女，此皆盜也。」又曰：「兵者所以誅暴亂，禁不義也。兵之所加者，農不離其田業，賈不離其肆宅，士大夫不離其官府，故兵不血刃而天下親。」嗚呼，又何其仁哉！戰國談兵者，有言及此，君子蓋不可不與也。宋元豐中，是書與《孫》、《吳》二子、《司馬穰苴兵法》、《黃石公三略》、呂望《六韜》、《李衛公問對》頒行武學，號為《七書》。《孫》、《吳》當是古書。《司馬兵法》本古者司馬兵法，而附以田穰苴之說，疑亦非偽。若《三略》、《六韜》、《問對》之類，則固後人依倣而托之者也。而雜然渾稱無別，其或當時有司之失歟？

——（明）宋濂《諸子辨》

尉繚子，魏人，司馬錯也，鬼谷高弟，隱夷，魏惠王聘，陳兵法二十四篇。其談兵，分本末，別賓主，崇儉右父，雖未純王政，亦窺見其本矣。但末章「殺士卒之半」等語，慘刻太甚，豈尚嚴而失之過者歟？

——（明）歸有光《諸子匯函・卷八》

其書大指主於分本末，別賓主，明賞罰，所言往往合於正。如云「兵不攻無過之城，不殺無罪之人。」又云「兵者，所以誅暴亂禁不義也。兵之所加者，農不離其田業，賈不離其肆宅，士大夫不離其官府。」「故兵不血刃而天下親。」皆戰國談兵者所不道。晁公武《讀書志》，有張載注《尉繚子》一卷，則講學家亦取其說。然書中〈兵令〉一篇，於誅逃之法，言之極詳，可以想見其節制，則亦非漫無經略，高談仁義者矣。

——《四庫全書總目提要・卷一九・子部，兵家類》

古籍今注新譯叢書書目

中國人的第一次——
絕無僅有的知識豐收、視覺享受
集兩岸學者智慧菁華
推陳出新　字字珠璣　案頭最佳讀物

【哲學類】

書名	注譯	校閱
新譯尹文子	徐忠良	黃俊郎
新譯淮南子	熊禮滙	侯迺慧
新譯潛夫論	彭丙成	陳滿銘
新譯鄧析子	徐忠良	
新譯韓非子	賴炎元 傅武光	
新譯尸子讀本	水渭松	

書名	注譯	校閱
新譯四書讀本	謝冰瑩	
	邱燮友	
	李　鍌	
	劉正浩	
	賴炎元	
	陳滿銘	
新譯申鑒讀本	林家驪	周鳳五
	周明初	
新譯老子讀本	余培林	
新譯列子讀本	莊萬壽	
新譯孝經讀本	賴炎元	
	黃俊郎	
新譯易經讀本	郭建勳	黃俊郎
新譯荀子讀本	王忠林	
新譯莊子讀本	黃錦鋐	
新譯新書讀本	饒東原	黃沛榮

書名	注譯	校閱
新譯新語讀本	王　毅	黃俊郎
新譯管子讀本	湯孝純	李振興
新譯墨子讀本	李生龍	李振興
新譯論衡讀本	蔡鎮楚	周鳳五
新譯禮記讀本	姜義華	黃俊郎
新譯孔子家語	羊春秋	周鳳五
新譯公孫龍子	丁成泉	黃志民
新譯老子解義	吳　怡	
新譯呂氏春秋	朱永嘉	黃志民
	蕭　木	
新譯晏子春秋	陶梅生	
新譯明夷待訪錄	李廣柏	李振興

書名	注譯	校閱
新譯千家詩	邱燮友	
	劉正浩	
新譯搜神記	黃　鈞	陳滿銘
新譯薑齋集	平慧善	
新譯昭明文選	崔富章	劉正浩
	朱宏達	陳滿銘
	周啟成	沈秋雄
	張金泉	黃俊郎
	水渭松	黃志民
	伍方南	周鳳五
		高桂惠
新譯漢賦讀本	簡宗梧	
新譯楚辭讀本	傅錫壬	
新譯人間詞話	馬自毅	高桂惠
新譯文心雕龍	羅立乾	李振興

書名	注譯	校閱
新譯世說新語	邱燮友	
	劉正浩	
	陳滿銘	
	許錟輝	
	黃俊郎	
新譯古文觀止	謝冰瑩	
	邱燮友	
	林明波	
	左松超	
	應裕康	
	黃俊郎	
	傅武光	
新譯江文通集	羅立乾	
新譯阮步兵集	林家驪	
新譯春秋繁露	姜昆武	
新譯曹子建集	曹海東	
新譯陸士衡集	王雲路	

書名	注譯	校閱
新譯陶淵明集	溫洪隆	
新譯陶庵夢憶	李廣柏	
新譯揚子雲集	葉幼明	
新譯嵇中散集	崔富章	
新譯賈長沙集	林家驪	陳滿銘
新譯橫渠文存	張金泉	
新譯顧亭林集	劉九洲	
新譯元曲三百首	賴橋本 林玫儀	
新譯宋詞三百首	汪　中	
新譯唐詩三百首	邱燮友	
新譯諸葛丞相集	盧烈紅	
新譯駱賓王文集	黃清泉	
新譯昌黎先生文集	周啟成 周維德	
新譯范文正公文集	王興華 沈松勤	

歷史類

書名	注譯	校閱
新譯列女傳	黃清泉	陳滿銘
新譯越絕書	劉建國	
新譯燕丹子	曹海東	李振興
新譯戰國策	溫洪隆	陳滿銘
新譯尚書讀本	吳　璵	
新譯國語讀本	易中天	侯迺慧
新譯新序讀本	葉幼明	黃沛榮
新譯說苑讀本	左松超	
新譯說苑讀本	羅少卿	周鳳五
新譯西京雜記	曹海東	李振興
新譯吳越春秋	黃仁生	李振興
新譯東萊博議	李振興 簡宗梧	

軍事類

書名	注譯	校閱
新譯司馬法	王雲路	
新譯尉繚子	張金泉	
新譯三略讀本	傅　傑	
新譯六韜讀本	鄔錫非	
新譯吳子讀本	王雲路	
新譯孫子讀本	吳仁傑	
新譯李衛公問對	鄔錫非	

政事類

書名	注譯	校閱
新譯商君書	貝遠辰	陳滿銘
新譯鹽鐵論	盧烈紅	黃志民
新譯貞觀政要	許道勳	陳滿銘

地志類

書名	注譯	校閱
新譯洛陽伽藍記	劉九洲	侯迺慧

道教類

書名	注釋	校閱
新譯列仙傳	姜　生	
新譯抱朴子	李中華	黃志民
新譯老子想爾注	顧寶田	
新譯周易參同契	劉國樑	
新譯黃帝陰符經	劉連朋	
新譯道門功課經	王　卡	
新譯養性延命錄	曾召南	
新譯沖虛至德真經	張松輝	

【教育類】

書名	注釋	校閱
新譯三字經	黃沛榮	
新譯幼學瓊林	馬自毅	陳滿銘
新譯顏氏家訓	李振興	
	黃沛榮	
	賴明德	

內容紮實的案頭瑰寶
製作嚴謹的解惑良師

三民辭書系列

學典

新二十五開精裝全一册

● 解說文字淺近易懂，內容富時代性
● 插圖印刷清晰精美，方便攜帶使用

新辭典

十八開豪華精裝全一册

● 滙集古今各科詞語，囊括傳統與現代
● 詳附各種重要資料，兼具創新與實用

大辭典

十六開精裝三鉅册

● 資料豐富實用，鎔古典、現代於一爐
● 內容翔實準確，滙國學、科技為一書

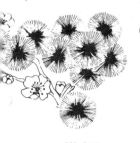

譯孝經讀本／賴炎元 黃俊郎注譯

譯呂氏春秋／朱永嘉 蕭 木注譯／黃志民校閱

譯李衛公問對／鄔錫非注譯

譯尚書讀本／吳 璵注譯

譯抱朴子／李中華注譯／黃志民校閱

譯易經讀本／郭建勳注譯／黃俊郎校閱

譯明夷待訪錄／李廣柏注譯／李振興校閱

譯東萊博議／李振興 簡宗梧注譯

譯昌黎先生文集／周啓成 周維德注譯

譯范文正公文集／王興華 沈松勤注譯

譯昭明文選／崔富章 朱宏達 周啓成 張金泉 水渭松 伍方南注譯／陳滿銘 沈秋雄 黃俊郎 黃志民 周鳳五 高桂惠校閱

譯春秋繁露／姜昆武注譯

譯貞觀政要／許道勳注譯／陳滿銘校閱

譯洛陽伽藍記／劉九洲注譯／侯迺慧校閱

譯晏子春秋／陶梅生注譯

譯唐詩三百首／邱燮友注譯

譯孫子讀本／吳仁傑注譯

譯商君書／貝遠辰注譯

譯尉繚子／張金泉注譯

譯曹子建集／曹海東注譯

譯陸士衡集／王雲路注譯

譯陶淵明集／溫洪隆注譯

譯淮南子／熊禮滙注譯／侯迺慧校閱

譯國語讀本／易中天注譯／侯迺慧校閱

◇新譯荀子讀本／王忠林注譯

◇新譯越絕書／劉建國注譯

◇新譯揚子雲集／葉幼明注譯

◇新譯嵇中散集／崔富章注譯

◇新譯賈長沙集／林家驪注譯

◇新譯搜神記／黃 鈞注譯／陳滿銘校閱

◇新譯莊子讀本／黃錦鋐注譯

◇新譯楚辭讀本／傅錫壬注譯

◇新譯新語讀本／王 毅注譯／黃俊郎校閱

◇新譯新序讀本／葉幼明注譯／黃沛榮校閱

◇新譯新書讀本／饒東原注譯

◇新譯說苑讀本／羅少卿注譯／周鳳五校閱

◇新譯說苑讀本／左松超注譯

◇新譯管子讀本／湯孝純注譯／李振興校閱

◇新譯墨子讀本／李生龍注譯／李振興校閱

◇新譯橫渠文存／張金泉注譯

◇新譯漢賦讀本／簡宗梧注譯

◇新譯鄧析子／徐忠良注譯

◇新譯諸葛丞相集／盧烈紅注譯

◇新譯論衡讀本／蔡鎮楚注譯／周鳳五校閱

◇新譯潛夫論／彭丙成注譯

◇新譯燕丹子／曹海東注譯／李振興校閱

◇新譯駱賓王文集／黃清泉注譯

◇新譯戰國策／溫洪隆注譯／陳滿銘校閱

◇新譯韓非子／賴炎元 傅武光注譯

◇新譯禮記讀本／姜義華注譯

◇新譯薑齋集／平慧善注譯

◇新譯顧亭林集／劉九洲注譯

◇新譯鹽鐵論／盧烈紅注譯／黃志民校閱

◇新譯顏氏家訓／李振興 黃沛榮 賴明德注譯